GB/T 18801—2015《空气净化器》
标准实施指南

全国家用电器标准化技术委员会　编著

中国质检出版社
中国标准出版社
北　京

图书在版编目（CIP）数据

GB/T 18801—2015《空气净化器》标准实施指南/全
国家用电器标准化技术委员会编著.—北京：中国标准
出版社,2015.9(2016.12 重印)
 ISBN 978-7-5066-8058-5

Ⅰ.①G… Ⅱ.①全… Ⅲ.①气体净化设备—标准—
中国—指南 Ⅳ.①TU834.8-65

中国版本图书馆 CIP 数据核字(2015)第 220179 号

中国质检出版社
中国标准出版社　出版发行
北京市朝阳区和平里西街甲 2 号(100029)
北京市西城区三里河北街 16 号(100045)
网址：www.spc.net.cn
总编室：(010)68533533　发行中心：(010)51780238
读者服务部：(010)68523946
中国标准出版社秦皇岛印刷厂印刷
各地新华书店经销

*

开本 880×1230 1/16　印张 13.5　字数 408 千字
2015 年 9 月第一版　2016 年 12 月第二次印刷

*

定价 60.00 元

编 审 单 位

审定单位：中国国家标准化管理委员会
　　　　　全国家用电器标准化技术委员会
编写单位：中国家用电器研究院、清华大学、全国家用电器产品质量监督检验
　　　　　中心、上海市计量测试技术研究院、广州工业微生物检测中心、北京
　　　　　亚都环保科技有限公司、飞利浦（中国）投资有限公司、苏州贝昂科
　　　　　技有限公司、上海飞科电器股份有限公司、朗逸环保科技（上海）有
　　　　　限公司、无限极（中国）有限公司、艾欧史密斯（中国）热水器有限公
　　　　　司、广东松下环境系统有限公司

编 审 委 员 会

主　任：殷明汉
副主任：戴　红　马德军　王　莉　李　一
委　员：马胜男　朱　焰　鲁建国　张寅平
　　　　易祥榕　张　晓　赵　爽

编　委　会

主　任：马德军
委　员：李　一　朱　焰　鲁建国　张寅平
　　　　张　晓　赵　爽　莫金汉　张志强
　　　　王蔚然　沈　浩　姜　风　许振刚
　　　　杨冠东　杨林峰　巴金良　钟仕林
　　　　杨　辉　曹黎霞　唐雪瑾

前言

标准是引导行业健康发展,维护消费者和制造商合法权益的利器,也是规范市场健康发展的技术保障。GB/T 18801—2015《空气净化器》标准是根据国家标准化管理委员会的计划安排,由全国家用电器标准化技术委员会承担,并组织业内外专家共同修订的。此项工作自2013年开始,历时两年,现已完成修订工作,并于2015年9月正式发布。

近几年来,由于大气环境等污染引发的人们对室内空气质量的担忧,已成为社会关注的热点问题。在此背景下,空气净化器产品及市场得以迅速发展,但空气净化产品不同于其他的电器产品,消费者在使用过程中的直观体验和感性认知明显不足、产品标注有待规范等,造成了一定程度上的市场混乱。如对净化器性能参数、技术指标缺乏正确认识与理解,致使市场上以"净化率""适用面积"等参数替代了对空气净化器的科学评价指标。

针对社会关注的问题,负责组织修订的全国家用电器标准化技术委员会以高度的责任感,集合了各方的资源和力量,并采取了公开修订的方式,对现有国家标准GB/T 18801—2008《空气净化器》进行了修订完善。

本次修订本着实事求是的原则,通过对当前市场及行业状况的深入分析,参考了国际上已有的相关标准,并在此基础上经过了充分论证,进一步明确了科学评价空气净化器的标准方法。

修订后的新标准具有以下突出的特点:

1. 明确了评价空气净化器的基本技术指标(核心参数)是"洁净空气量"(单位时间产生洁净空气的能力),即CADR值。

同时确定了评价空气净化器净化寿命的指标为"累积净化量"（CADR衰减至初始值的一半时累积净化/去除目标污染物的总量），即CCM值。这样，就从净化"能力"和"耐力"两个方面完善了对净化器产品的评价。

2. 解决了对典型气态化学污染物（甲醛）净化能力的评价问题，即验证了采用CADR评价的可行性。

3. 进一步明确了空气净化器产品的标志与标注。

该标准在修订过程中先后采集了大量试验数据，并进行了多轮充分的试验与验证。这些试验数据与验证对相关的产品评价方法的确立，乃至标准的最终形成，提供了有力的支撑。修订后的《空气净化器》标准集全体标准修订参与者的共同智慧，时代感鲜明，可以在今后一个时期内为规范市场、引导消费，确保产品质量监督的有效进行起到积极的保障作用。

为了便于社会各方对该标准修订的理解，也为了便于该标准更好地贯彻执行，我们特组织编写了《GB/T 18801—2015〈空气净化器〉标准实施指南》，目的是为了进一步配合该标准的使用，并为各有关单位提供专业性的解读。

本实施指南分为以下六部分：

第一部分为"标准架构及主要修订内容"，该部分主要对新标准的架构、章节组成，以及与2008版的主要差异做了简要说明，使读者对新修订的GB/T 18801—2015《空气净化器》有一个大致的了解。

第二部分为"标准正文解读"，该部分以GB/T 18801—2015《空气净化器》正文为基础，并作出了详细解读。主要涉及新旧版本差异列表及分析、具体条款理解要点，并对该标准的主要应用对象，如消费者、监督执法、制造商/生产商、检测机构给出了具体的使用建议。

第三部分为"标准附录及参考文献解读"，该部分以GB/T 18801—2015《空气净化器》标准的附录及参考文献为基础，并对其内容做出了详细解读。特别是对各种试验条件和试验流程做出了细化解释，并通过举例说明，以便使试验及操作过程更加明确、易于执行。

第四部分为"试验报告示例"，该部分针对新版

GB/T 18801—2015《空气净化器》符合性试验验证报告进行了说明,涉及试验报告的基本格式和内容等,并给出了规范性的指导。第三方检测机构可参考本章内容,制定试验报告。

第五部分为"空气净化器选购使用常识",以市场和消费者关注的热点问题为出发点,结合新版 GB/T 18801—2015《空气净化器》的内容,对消费者选购、使用空气净化器给出了指导性建议,内容涉及"关于空气质量的常识问答""关于空气净化器的工作原理""关于选购、使用、维护空气净化器""空气净化器的相关适用标准"四个方面。

第六部分为"参考标准",列出了本实施指南中引用参考引用的各项标准,以便读者查阅和参考。

本实施指南不能代替 GB/T 18801—2015《空气净化器》标准。本实施指南旨在为使用者准确理解标准原文提供必要的参考和建议性的指导,但要把握标准还需认真阅读标准原文。

编著者
2015 年 9 月

目录

第一部分

标准架构及主要修订内容

一、标准架构

GB/T 18801—2015《空气净化器》标准由 8 章条款和 8 项附录组成。正文章节及具体内容见表 1-1;附录内容见表 1-2。

表 1-1　GB/T 18801—2015《空气净化器》标准正文

标准章节	具体内容
1　范围	标准适用范围 产品适用分类 附注说明
2　规范性引用文件	强制性标准:4 推荐性标准:6
3　术语和定义	共计 13 项,涉及 ——产品定义 ——试验状态/工作状态定义 ——污染物定义 ——试验条件/测试条件定义 ——试验指标/技术指标定义
4　型号与命名	基本命名方式 ——产品属性类别 ——技术参数表述
5　要求	共计 7 项技术要求,分别为: 5.1　有害物质释放量 5.2　待机功率 5.3　洁净空气量 5.4　累积净化量 5.5　净化能效 5.6　噪声 5.7　微生物去除
6　试验方法	分为通用性试验方法描述和具体方法描述。 其中通用性描述为: 6.1　试验的一般条件 6.2　试验设备 6.3　标准污染物 具体试验方法与"5　要求"中的条款一一对应: 6.4　有害物质释放量 6.5　待机功率 6.6　洁净空气量 6.7　累积净化量 6.8　净化能效 6.9　噪声 6.10　微生物去除 6.11　风道式净化装置的净化性能试验

表 1-1（续）

标准章节	具体内容
7　检验规则	7.1　检验分类 7.2　出厂检验 7.3　型式试验 7.4　检验样品处理
8　标志、使用说明、包装、运输及贮存	8.1　标志 分为通用性标志、性能特征标志 8.2　使用说明 8.3　包装 8.4　运输及贮存

表 1-2　GB/T 18801—2015《空气净化器》标准附录

标准附录	具体内容
附录 A（资料性附录）试验舱	该附录为辅助性说明，分为以下 4 项条款： A.1　概述 A.2　试验舱结构 A.3　试验舱示意图 A.4　试验样机置放
附录 B（规范性附录）颗粒物的洁净空气量试验方法	该附录为试验方法说明，得出评价结果，分为以下 6 项条款： B.1　范围 B.2　颗粒物污染物 B.3　试运行 B.4　颗粒物的自然衰减试验 B.5　颗粒物的总衰减试验 B.6　颗粒物的洁净空气量（CADR）计算方法
附录 C（规范性附录）气态污染物的洁净空气量试验方法	该附录为试验方法说明，得出评价结果，分为以下 6 项条款： C.1　范围 C.2　气态污染物 C.3　试运行 C.4　气态污染物的自然衰减试验 C.5　气态污染物的总衰减试验 C.6　气态污染物的洁净空气量计算
附录 D（规范性附录）　颗粒物累积净化量的试验方法	该附录为试验方法说明，得出评价结果，分为以下 5 项条款： D.1　范围 D.2　颗粒物发生条件 D.3　试验步骤 D.4　拟合计算 D.5　评价

表 1-2（续）

标准附录	具体内容
附录 E（资料性附录）气态污染物累积净化量的试验方法	该附录为试验方法说明,得出评价结果,分为以下 4 项条款: E.1　范围 E.2　甲醛发生条件 E.3　试验步骤 E.4　评价
附录 F（资料性附录）　适用面积计算方法	该附录为计算方法说明,得出评价结果,分为以下 4 项条款: F.1　概述 F.2　基本原理 F.3　参数选取 F.4　计算结果
附录 G（资料性附录）　累积净化量与净化寿命的换算方法	该附录为计算方法说明,得出评价结果,分为以下 3 项条款: G.1　概述 G.2　颗粒物的累积净化量与净化寿命的换算 G.3　甲醛的累积净化量与净化寿命的换算
附录 H（资料性附录）风道式净化装置的净化能力试验方法	H.1　范围 H.2　术语和定义 H.3　测试设备 H.4　试验条件 H.5　测试方法
参考文献	国内标准:9 份 国内技术法规(卫生):1 份 国外标准:5 份 国内研究文献:1 份

二、主要修订内容

修订后的 2015 版标准与 2008 版标准主要技术差异如下:

第 1 章范围:
——对标准的适用范围(含净化器工作原理)、参考使用范围,做了新的规定;
——将"小型、便携式空气净化器,乘用车空气净化器,风道式净化装置以及其他类似的空气净化产品"列入可参考本标准执行的范围;
——增加了净化器原理分类说明。

第 2 章规范性引用文件:
——核实并补充了相关引用文件。

第 3 章术语和定义:
——核定了相关术语和定义;
——增加了对"目标污染物"的分类说明;

——同时增加了"额定状态""待机状态""待机功率""累积净化量"和"适用面积"等内容;

——对"试验舱"进行了重新定义;

——对"净化寿命"做了补充说明。

第4章型号与命名:

——将原第4章"产品分类"改为"型号与命名";

——对命名方式做了新的规定。

第5章要求:

——删除了对"外观"的要求;

——增加了"5.1有害物质释放量""5.2待机功率""5.4累积净化量"和"5.7微生物去除"的要求;

——在"5.3洁净空气量"中,对不同性质目标污染物的试验,分别提出了针对性的要求;

——对"5.5净化能效"和"5.6噪声"指标做了调整。

第6章试验方法:

——增加并细化了"6.1试验的一般条件"的相关内容;

——对"6.2试验设备"的相关内容做了详细规定;

——对试验用标准污染物提出了要求(见6.3);

——增加了有害物质释放量(见6.4)、待机功率(见6.5)、累积净化量(见6.7及附录D、附录E)、噪声(见6.9)和微生物去除(见6.10)的试验方法;

——增加了"6.11风道式净化装置的净化性能试验"内容,附录H;

——将针对不同目标污染物的洁净空气量试验方法,分别列入附录B(颗粒物)、附录C(气态污染物),并对气态污染物(附录C)的试验方法做了修订。

第7章检验规则:

——对7.2出厂必检项目和出厂抽查项目进行了重新核定;

——对7.3型式试验的内容及条件做了完善补充。

第8章标志、使用说明、包装、运输及贮存:

——调整了相关内容,增加了对"使用说明"的要求;

——将8.1"标志"明确分为两部分内容,即"通用性标志"和"性能特征标志",并将标注内容做了具体化说明;

——对空气净化器的使用说明书应涉及的内容提出了明确的要求。

附录:

——核定并充实了原有附录的内容;

——将原标准中涉及试验方法的内容移入对应的附录中;

——增加附录F"适用面积计算方法"的内容;

——增加了附录G"累积净化量与净化寿命的换算方法"的内容。

第二部分

标准正文解读

第 1 章　范　　围

一、设置目的

本章阐述了标准的内容提要,以及标准或标准涉及的测试方法适用的产品类型。目的是告诉标准应用者、使用者本标准涉及适用的产品类型及使用场合等。

二、差异说明

(1) 在标准规定的内容中,增加了产品使用说明的内容。

(2) 取消了净化器的使用电源电压限制,主要考虑个人用、车载型净化器也应作为适用的范围。

(3) 将适用产品的分类(按工作原理)罗列出;这是本章修订后的主要变化之一,主要考虑 2008 版标准在第 4 章分类列出,目前净化器的工作原理越来越多,尤其是各种复合原理的机器,亦不适于在第 4 章中详细列出。

(4) 明确了"小型、便携式净化器,乘用车净化器"以及"风道式净化装置及其他类似的净化器"可以参照本标准。

(5) 具体差异比对见表 2-1。

表 2-1　差异列表

序号	GB/T 18801—2008	GB/T 18801—2015	差异说明
1	本标准规定了空气净化器的术语和定义、分类、技术要求、试验方法、检验规则、标志、包装、运输和贮存	本标准规定了空气净化器的术语和定义、型号与命名、要求、试验方法、检验规则、标志、使用说明、包装、运输和贮存	规范的内容中增加了"使用说明"
2	本标准适用于单相额定电压 220 V、三相额定电压 380 V 家用和类似用途的空气净化器	本标准适用于家用和类似用途的空气净化器(以下简称"净化器")	取消了净化器的使用电源电压限制,将个人用、车载型净化器列入适用范围内
3	本标准也适用于在公共场所由非专业人员使用的空气净化器	删除	在后文中,将此类产品具体化,见本表序号 5
4	无	增加:本标准适用于但不限于下述工作原理的净化器:过滤式、吸附式、络合式、化学催化式、光催化式、静电式、等离子式、复合式等。注 1:复合式指采用两种或两种以上净化原理,可去除一种或一种以上空气污染物的净化器。注 2:带有空气净化功能的空调器、除湿机、新风机等家电产品,其空气净化功能部分的评价可参考本标准的相关内容	将适用产品的分类(按工作原理)罗列出;这是本章修订后的主要变化之一,主要考虑上一版标准在第 4 章分类列出,目前净化器的净化、工作原理越来越多,尤其是各种复合原理的机器,亦不适于在第 4 章的正式章节中详细列出
5	无	增加:下列产品可参考本标准执行:——小型、便携式净化器,乘用车净化器;——风道式净化装置及其他类似的净化器	明确了"小型、便携式净化器,乘用车净化器"以及"风道式净化装置及其他类似的净化器"可以参照本标准

三、标准解读

本标准规定了空气净化器的术语和定义、型号与命名、要求、试验方法、检验规则、标志、使用说明、包装、运输和贮存。

本标准适用于家用和类似用途的空气净化器(以下简称"净化器")。

本标准适用于但不限于下述工作原理的净化器:过滤式、吸附式、络合式、化学催化式、光催化式、静电式、等离子式、复合式等。

注1:复合式指采用两种或两种以上净化原理,可去除一种或一种以上空气污染物的净化器。

注2:带有空气净化功能的空调器、除湿机、新风机等家电产品,其空气净化功能部分的评价可参考本标准的相关内容。

下列产品可参考本标准执行:

——小型、便携式净化器,乘用车净化器;

——风道式净化装置及其他类似的净化器。

本标准不适用于:

——专为工业用途而设计的净化器;

——在腐蚀性和爆炸性气体(如粉尘、蒸气和瓦斯气体)特殊环境场所使用的净化器;

——专为医疗用途设计的净化器。

▶ 理解要点:

(1)标准第1章范围,首先,要对标准涉及的内容作出明确规定;其次,要对标准适用的范围作出明确界定,并以具体举例的形式作出补充说明。

(2)在适用范围中,明确指出"适用于、但不限于下述工作原理的净化器:过滤式、吸附式、络合式、化学催化式、光催化式、静电式、等离子式、复合式等"。

(3)附带的注释,是对适用产品范围的补充说明。

(4)同时,明确指出可以参考执行本标准,以及不适用于本标准的产品,并举例说明。

四、应用对象说明

1. 消费者选购提示

由正规市场渠道获得的并根据产品明示,标注"依据GB/T 18801《空气净化器》国家标准"等类似内容的净化器产品,应符合本标准的各项要求。

2. 监督执法参考

如果产品标注了"依据GB/T 18801"等类似内容:对于家用和类似用途的空气净化器,应对涉及的具体技术指标及要求进行核查;对于小型、便携式净化器,乘用车净化器、风道式净化装置及其他类似的净化器,可根据产品明示的参数进行检查。

3. 制造商/生产商

如果产品标注了"依据GB/T 18801"等类似内容:对于家用和类似用途的空气净化器,应严格符合本标准的所有要求;对于小型、便携式净化器,乘用车净化器、风道式净化装置及其他类似的净化器,可参考本标准的某项指标。例如,对于家用或车载型净化器,可标注去除颗粒物或甲醛的洁净空气量值,或对应的累积净化量;相关技术指标依据本标准附录要求进行试验,并取得合格的试验报告。

4. 检测机构

如果产品标注了"依据GB/T 18801"等类似内容,产品明示的各项技术参数都应按照本标准规定的试验方法进行试验。

第2章　规范性引用文件

一、设置目的

本章列出了本标准引用的文件(标准)目录,便于在使用中查阅相关的资料内容。

正式标准中"引用文件"的列入,是所用标准文本规定要求。

二、差异说明

(1)修订后的标准,共涉及规范性引用文件10项,比2008版增加了1项;其中,新增加了2项,取消了1项。

(2)新增加的规范性参考文件,主要体现在附录B、附录C针对不同污染物洁净空气量的评价,和附录H风道式净化装置的净化能力试验方法。

(3)具体差异比对见表2-2。

表2-2　差异列表

序号	GB/T 18801—2008	GB/T 18801—2015	差异说明
1	无	增加: GB 4706.1 家用和类似用途电器的安全第1部分:通用要求 GB 21551.3—2010 家用和类似用途电器的抗菌、除菌、净化功能空气净化器的特殊要求	新增加的引用标准主要出现在GB/T 18801—2015中的第5章中的"5.7微生物去除"、第8章中的"8.1.1 通用性标志"
2	GB/T 13306 标牌	删除	第8章对产品标注及标牌内容及要求做出了详细规定,因此无需引用推荐性标准GB/T 13306

三、标准解读

下列文件对于本文件的应用是必不可少的。凡是注日期的引用文件,仅注日期的版本适用于本文件。凡是不注日期的引用文件,其最新版本(包括所有的修改单)适用于本文件。

GB/T 191　包装储运图标标志

GB/T 1019　家用和类似用途电器包装通则

GB/T 2828.1　计数抽样检验程序　第1部分:按接收质量限(AQL)检索的逐批检验抽样计划

GB/T 2829　周期检验计数抽样程序及表(适用于对过程稳定性的检验)

GB/T 4214.1—2000　声学　家用电器及类似用途器具噪声测试方法　第1部分:通用要求

GB 4706.1　家用和类似用途电器的安全　第1部分:通用要求

GB 4706.45—2008　家用和类似用途电器的安全　空气净化器的特殊要求

GB 5296.2—2008　消费品使用说明　第2部分:家用和类似用途电器

GB/T 18883　室内空气质量标准

GB 21551.3—2010　家用和类似用途电器的抗菌、除菌、净化功能　空气净化器的特殊要求

"规范性引用文件"在标准中是不可分割的一部分,其关联作用明显,参考依据应明确。

使用时需注意:

——引用标准的有效性;

——如引用标准没有注明年代,即视为最新版标准;

——未提及的标准一般不作为引用参考依据。

四、应用对象说明

本章的适用对象更多地针对于制造商,以及产品设计和检测机构对产品进行检测及试验时,执行标准的参考引用。

第3章 术语和定义

一、设置目的

本章对标准涉及的专用名词术语,给出了明确定义;定义力求简明扼要,目的在于避免概念性混淆。术语定义的设置具有必要的引入排序,逻辑上的承接关系明确。

应注意,规定中的"术语和定义"仅在本标准中使用。

二、差异说明

(1) 修订后的标准,共涉及"术语和定义"13项,比2008版增加了5项;其中,修改了7项,删除了2项。

新增:额定状态(rated condition)、待机状态(standby condition)、待机功率(standby power)、适用面积(effective room size)。

修改:空气净化器(air cleaner)、目标污染物(target pollutant,原为"空气污染物 air pollutants")、试验舱(test chamber)、自然衰减(natural decay)、总衰减(total decay)、洁净空气量(clean air delivery rate,CADR)、净化能效(cleaning energy efficiency,原为"净化效能 efficiency of clean")和净化寿命(cleaning life span)。

删除:多功能式空气净化器、总净化能效。

(2) 关键的术语及定义,比2008版做了更为严谨的完善。

(3) 具体差异比对见表2-3。

表2-3 差异列表

序号	GB/T 18801—2008	GB/T 18801—2015	差异说明
1	**3.1 空气净化器 air cleaner** 对室内空气中的固态污染物、气态污染物等具有一定去除能力的电器装置	**3.1 空气净化器 air cleaner** 对空气中的颗粒物、气态污染物、微生物等一种或多种污染物具有一定去除能力的家用和类似用途电器	对空气净化器针对于3种主要的室内空气污染物的净化作用,作出了新的明确定义;同时说明,净化器可对上述三大类污染具有"一种或多种污染物"去除能力即可称为空气净化器
2	无	**3.2 目标污染物 target pollutant** 成分构成明确的特定空气污染物,主要分为颗粒物、气态污染物、微生物3大类	增加了新的定义。所谓"目标污染物",即净化器的净化/去除作用对象
3	**3.9 试验室 test chamber** 用于测定空气净化器去除空气中污染物性能的试验室,其规格见附录A	**3.3 试验舱 test chamber** 用于测定净化器对空气中目标污染物去除能力的限定空间装置,规定了形状、尺寸和换气次数等基本条件。 注:试验舱规格参见附录A	将"试验室"改为"试验舱",描述的针对性更加明确,同时对定义做出了细化

表 2-3（续）

序号	GB/T 18801—2008	GB/T 18801—2015	差异说明
4	无	**3.4 额定状态 rated condition** 净化器标称的净化能力对应的工作状态	增加了新的定义，是为在评价空气净化器时，建立统一的评价基准；并以此作为净化器各项技术性能指标检测、评价的依据
5	无	**3.5 待机状态 standby condition** 净化器连接到供电电源上，仅提供重启动、信息或状态显示（包括时钟）功能，而未提供任何主要功能的状态。 注：重启动是指通过遥控器、内部传感器或定时时钟等方式使净化器切换到提供主要功能模式的一种功能	增加了新的定义，是为了考核净化器处于"待机"时的能耗水平
6	无	**3.6 待机功率 standby power** 净化器在待机状态下的输入功率。 注：单位为瓦特（W）	增加了新的定义，此项定义承接上一定义，共同为净化器的待机能耗考评提供了专业的评价定义和评价指标
7	**3.6 自然衰减 natural decay** 在试验室内，由于沉降、附聚和表面沉积等自然现象，导致空气中的污染物浓度的降低	**3.7 自然衰减 natural decay** 在规定空间及条件下，由于沉降、附聚、表面沉积、化学反应和空气交换等非人为因素，导致空气中的目标污染物浓度的降低	修改了该定义，使描述更为严谨、科学
8	**3.7 总衰减 total decay** 在试验时，试验室内空气中的污染物的自然衰减和被运行中的空气净化器去除污染物总浓度的降低	**3.8 总衰减 total decay** 在规定空间及条件下，由于自然衰减和净化器净化运行的共同作用，导致空气中的目标污染物浓度的降低	修改了该定义，使描述语言更为严谨、科学、易于理解
9	**3.3 洁净空气量 clean air delivery rate** 表征空气净化器净化能力的参数，用单位时间提供洁净空气的量值表示（简称CADR），用字母 Q 表示，以立方米每小时（m³/h）为单位	**3.9 洁净空气量 clean air delivery rate；CADR** Q 净化器在额定状态和规定的试验条件下，针对目标污染物（颗粒物和气态污染物）净化能力的参数；表示净化器提供洁净空气的速率。 注1：单位为立方米每小时（m³/h）。 注2：风道式净化装置不采用该指标	修改了该定义，使描述语言更加科学、严谨、通俗易懂；同时，对"风道式净化装置"是否采用CADR评价做了补充说明
10	无	**3.10 累积净化量 cumulate clean mass；CCM** M 净化器在额定状态和规定的试验条件下，针对目标污染物（颗粒物和气态污染物）累积净化能力的参数；表示净化器的洁净空气量衰减至初始值50%时，累积净化处理的目标污染物总质量。 注：单位为毫克（mg）	新增加的术语定义，是评价空气净化器"净化能力"耐久性的指标，也是表征净化器产品性能优劣的指标。它与CADR一起，构成净化器的核心指标

表 2-3（续）

序号	GB/T 18801—2008	GB/T 18801—2015	差异说明
11	**3.4 净化效能 efficiency of clean** 空气净化器单位功耗所产生的洁净空气量,用字母 η 表示,以立方米每小时瓦(m³/h·W)为单位	**3.11 净化能效 cleaning energy efficiency** η 净化器在额定状态下单位功耗所产生的洁净空气量。 注:单位为立方米每瓦特小时 [m³/(W·h)]	修改了该定义,明确了"净化能效"是净化器在"额定状态下"测出量值,使测试条件更加明确
12	无	**3.12 适用面积 effective room size** 净化器在规定的条件下,以净化器明示的 CADR 值为依据,经附录 F 规定的算法推导出的,能够满足对颗粒物净化要求所适用的(最大)居室面积。 注:单位为平方米(m²)	新增加的定义,为了便于消费者对净化能力(CADR 值)与实际使用空间的适配关系而提出的参考指标
13	无	**3.13 净化寿命 cleaning life span** 以净化器标注的、针对目标污染物的累积净化量与净化器对应的日均处理计算量的比值作为参考,用(天)表示。 注:净化器对应的日均处理计算量是指净化器每天运行 12 h 所净化处理的特定目标污染物质量,参见附录 G	新增加的定义,为消费者更换、清洗净化器滤材提供的参考(上一版有此概念,无此定义)
14	**3.2 多功能式空气净化器 multi-function air cleaner** 可去除两种或两种以上空气污染物的空气净化器	删除	无需对此类产品定义
15	**3.5 总净化效能 total efficiency of clean** 多功能式空气净化器单位功耗所产生的去除各种空气污染物的洁净空气量的总和,用字母 η_z 表示,以立方米每小时瓦(m³/h·W)为单位	删除	物理含义不够明确,因此删除此定义

三、标准解读

3.1

空气净化器 air cleaner

对空气中的颗粒物、气态污染物、微生物等一种或多种污染物具有一定去除能力的家用和类似用途的电器。

▶ 理解要点:

(1) 明确空气净化器这一产品概念,即对空气中的污染物有去除能力的家用电器;

注：对空气有净化作用的器具有时也被称作"空气洁净器"，或是基于对英文名称的译法不同，为了便于称谓的统一，故在本标准中，正式定名为"空气净化器"；需要注意到是，如果仅以喷洒清新剂为基本功能的产品，其所带来的作用仅限于对空气中添加清新剂（如增加特定的香味、气味等），这类产品不能成为"空气净化器"。

（2）明确空气净化器是对"空气中的颗粒物、气态污染物、微生物等一种或多种污染物具有一定去除能力"的电器。

（3）一般意义上讲，空气净化器属于家用和类似用途的电器。

3.2

目标污染物　target pollutant

成分构成明确的特定空气污染物，主要分为颗粒物、气态污染物、微生物 3 大类。

▷ **理解要点：**

（1）室内空气污染物的成分实际上很复杂，造成室内空气污染的原因很多，涉及面很广，从大类上讲，均可归类于三种物质，即颗粒物、气态污染物、微生物。

（2）对于"颗粒物"国家标准 GB 3095 —2012 有明确的定义，即"3.3 颗粒物（粒径小于或等于 10 μm）particulate matter（PM 10）指环境空气中动力学当量直径小于或等于 10 μm 的颗粒物，也称作可吸入颗粒物""3.4 颗粒物（粒径小于或等于 2.5 μm）particulate matter（PM 2.5）指环境空气中动力学当量直径小于或等于 2.5 μm 的颗粒物，也称作可细颗粒物"。

在本标准对"颗粒物"进行净化能力的评价时，采用的评价对象是粒径小于或等于 2.5 μm 大于或等于0.3 μm 的香烟颗粒物。

颗粒污染物主要来源于室内香烟、厨房烹饪、室外大气雾霾污染的浸入，以及人员频繁活动等。

（3）各类化学污染物，包括各类挥发性有机物（TVOC），均属于气态污染物。

甲醛：甲醛是世界上公认的潜在致癌物，它刺激眼睛和呼吸道黏膜等，最终造成免疫力功能异常、肝、肺损伤及神经中枢系统受到影响，而且还能致使胎儿畸形。

苯：主要来源于胶、漆、涂料和黏合剂中，是强烈的致癌物，人在短时间内吸收高浓度的苯，会出现中枢神经系统麻醉的症状，轻者头晕、头痛、恶心、乏力、意识模糊，重者会出现昏迷以致呼吸循环衰竭而死亡。

氨：氨是一种无色面有强列刺激性臭味的气体，由于氨气的溶解度极高，常被吸附在皮肤黏膜和眼结膜上，从而产生刺激和炎症，短期内吸入大量氨气后可引起流泪、咽痛、声音嘶哑、咳嗽、痰带血丝、胸闷、伴有头晕、头痛、恶心等症状，严重者会发生肺水肿、成人呼吸窘迫综合症，同时可能发生呼吸道刺激症状。

化学污染主要来源于室内进行装饰装修使用的装饰材料，如人造板材、各种油漆、涂料、黏合剂及家具等，其主要污染物是甲醛、苯、二甲苯等有机物和氨、一氧化碳、二氧化碳等无机物。

（4）微生物包括居室及日常生活中的各种菌类。

微生物（microorganism），包括细菌、病毒、真菌以及一些小型的原生动物等在内的一大类生物群体，个体微小，与人类生活密切相关。广泛涉及健康、医药、工农业、环保等诸多领域。在中国大陆地区的教科书中，均将微生物划分为以下 8 大类：细菌、病毒、真菌、放线菌、立克次体、支原体、衣原体、螺旋体。

生物污染主要是由居室中较潮湿霉变的墙壁、地毯等产生的，还包括饲养的宠物等，主要污染物为细菌和病菌。

3.3

试验舱　test chamber

　　用于测定空气净化器对空气中目标污染物去除能力的限定空间装置,规定了形状、尺寸和换气次数等基本条件。

注:试验舱规格参见附录 A。

▶ **理解要点:**

　　(1)本标准的试验舱是针对评价空气净化器所设立的试验用密闭空间,也是评价净化器的基本环境条件。

　　(2)本标准对试验舱进行了明确的尺寸限定,一般为 30 m³,也称为标准试验舱。具体尺寸规格在附录 A 中给出。

　　(3)其基本技术参数有温/湿度、换气率、均匀度等。提出这些基本技术指标是为了能更准确地评价净化器针对不同污染物的净化性能。

　　(4)构成试验舱的材质,应按照试验舱的技术要求予以选配。

　　(5)试验舱建成后,或使用一段时间后,应进行必要的标定。

3.4

额定状态　rated condition

　　空气净化器标称的净化能力对应的工作状态。

▶ **理解要点:**

　　(1)本项定义规定了空气净化器净化能力对应的工作状态;一般是指净化器标称的最大净化能力对应的工作状态,对于多档可调的净化器,"额定状态"即是机器标称的状态。

　　(2)除非另有说明,一般情况下,测试评价机器时,都应在这一"额定状态"下进行。

　　(3)"额定状态"与净化器实际的工作状态不是一个概念。

3.5

待机状态　standby condition

　　空气净化器连接到供电电源上,仅提供重启动、信息或状态显示(包括时钟)功能,而未提供任何主要功能的状态。

注:重启动是指通过遥控器、内部传感器或定时时钟等方式使净化器切换到提供主要功能模式的一种功能。

▶ **理解要点:**

　　(1)作为家用电器产品,该项定义是必须的,目的是为了评价净化器处在非"净化工作状态",但又处在机器的电源通电,随时可启动的状态。

　　(2)值得注意的是,目前有些净化器的附加功能过多(如附带有多种功能的检测、遥控等),如以"待机状态"考核其待机能耗,应避免超出要求。

3.6

待机功率　standby power

　　空气净化器在待机状态下的输入功率。

注:单位为瓦特(W)。

▶ **理解要点:**

　　(1)一般讲,待机功率越小,机器在"待机"状态下越节能。

　　(2)需要说明的是,"待机功率"在许多国家均已作为强制性能耗指标,并标识在产品说明中。

3.7

自然衰减　natural decay

在规定空间及条件下,由于沉降、附聚、表面沉积、化学反应和空气交换等非人为因素,导致空气中的目标污染物浓度的降低。

▶ **理解要点:**

(1)此项定义是评价净化器对目标污染物净化能力的先决条件,即,在规定的试验舱及环境条件下,若要评价净化器对目标污染物的净化能力,同时要测定试验舱内对应的污染物浓度水平变化(衰减)状况;而实际评价出的净化器净化能力,即,对目标污染物净化后的浓度水平变化(衰减)实测值,应当是与"自然衰减"作用的叠加。

(2)一般讲,"自然衰减"仅是净化器针对颗粒物、气态污染物作评价时,在最终浓度计算需要做出"叠加"考虑。

3.8

总衰减　total decay

在规定空间及条件下,由于自然衰减和空气净化器净化运行的共同作用,导致空气中的目标污染物浓度的降低。

▶ **理解要点:**

(1)在规定的试验仓内对净化器进行评价时,其对目标污染物的净化能力(污染物浓度衰减水平)理论上讲都是在"自然衰减"的基础上,叠加后得到的;因此,在试验舱内实测的净化器对目标污染物的实际净化效果,应减去"自然衰减"部分。

(2)这一评价方法对颗粒物和气态污染物,理论上都是成立的。

注:上述两术语均是针对"衰减法"评价提出的。

3.9

洁净空气量　clean air delivery rate;CADR

Q

空气净化器在额定状态和规定的试验条件下,针对目标污染物(颗粒物和气态污染物)净化能力的参数;表示空气净化器提供洁净空气的速率。

注1:单位为立方米每小时(m^3/h)。

注2:风道式净化装置不采用该指标。

▶ **理解要点:**

(1)该术语定义是表征空气净化器净化能力的技术指标,也是空气净化器净化能力的核心指标,它表明,一台空气净化器对特定目标污染物的净化能力(即强弱)。

(2)"洁净空气量"(CADR)是有物理量纲的,即单位时间产生的洁净空气量(m^3/h)。

(3)"洁净空气量"(CADR)与"净化效率"不是一个概念,前者表明空气净化器的本质指标;后者只是在特定时间、特定空间下的净化状态值,不能作为评价空气净化器的科学技术指标。

(4)准确评价出一台空气净化器的"洁净空气量"是需要特定条件的,只有在规定的试验条件下,测试后评价出来的"洁净空气量"才有意义。

(5)空气净化器对颗粒物、特定气态污染物净化能力的评价,均应该以净化能力,即"洁净空气量"来表征,该指标也是表征空气净化器的唯一能力指标。

(6)风道式室内空气净化器及净化装置,不宜采用该指标。

注:"洁净空气量"与净化器的风量,虽然表征的物理量单位都是(m^3/h),但本质上不是一个概念,不能混淆。

3.10

累积净化量　cumulate clean mass;CCM

M

空气净化器在额定状态和规定的试验条件下,针对目标污染物(颗粒物和气态污染物)累积净化能力的参数;表示空气净化器的洁净空气量衰减至初始值50%时,累积净化处理的目标污染物总质量。

注:单位为毫克(mg)。

▶ **理解要点:**

(1) 该技术指标是评价空气净化器净化能力(CADR)的耐久性指标,以CADR初始值的"半衰期"作为考核指标,实际上是对净化器CADR衰减性的考核。

(2) 累积净化量CCM的物理量量纲为:被净化目标污染物的质量总和(mg)。

(3) 一台空气净化器有对应的CADR,也有对应的CCM。

(4) CCM值越大,说明机器(滤网)的持续工作性能越强。

(5) 一台净化器对应不同目标污染物,具有不同的CADR,同时,也具有不同的CCM值。

(6) 洁净空气量CADR是对净化器实测后评价出来的,累积净化量CCM是根据对净化器实际检测(累积去除量)得出的。

3.11

净化能效　cleaning energy efficiency

η

空气净化器在额定状态下单位功耗所产生的洁净空气量。

注:单位为立方米每瓦特小时[m³/(W·h)]。

▶ **理解要点:**

(1) 该术语定义是评价净化器工作能效的技术指标。

(2) 该技术指标有对应物理量纲及含义,即立方米每小时瓦特[m³/(W·h)]。

(3) 标准中,净化器的能效指标分为"合格级"和"高效级",前者表示,空气净化器的最低能效水平应不低于"合格级";后者表示,能效水平相对较高的等级。

(4) 该指标是在"额定状态"下,通过对净化器的测试评价后得出的"洁净空气量"值和实测的"输入功率"值,相除后得出的。

(5) 净化器具有对不同的目标污染物的净化能力——洁净空气量(CADR)时,就应该有不同的能效等级。

3.12

适用面积　effective room size

空气净化器在规定的条件下,以净化器明示的CADR值为依据,经附录F规定的算法推导出的,能够满足对颗粒物净化要求所适用的(最大)居室面积。

注:单位为平方米(m²)。

▶ **理解要点:**

(1) "适用面积"完全基于理论计算得出;如果推算条件的参数略有不同,会有出入。

(2) 鉴于产品的洁净空气量(CADR)随着使用,将逐渐衰减,故"适用面积"实际上是"最大值",也会随着净化器的使用,将由大变小。

(3) "适用面积"只能作为使用者选择的参考,不应作为产品的技术指标。

3.13

净化寿命　cleaning life span

以空气净化器标注的、针对目标污染物的累积净化量与空气净化器对应的日均处理计算量的比值作为参考,用(天)表示。

注:空气净化器对应的日均处理计算量是指空气净化器每天运行 12 h 所净化处理的特定目标污染物质量,参见附录 G。

▷ **理解要点:**

(1)该术语定义是为了估算空气净化器能够有效使用多少时间。它是基于净化器的洁净空气量(CADR)衰减到一定量值后(初始值的 50% 时),累积净化(消除)目标污染物的总量(mg)的值,再根据使用条件(实际污染负载条件)估算得出的。

(2)估算一台净化器的净化寿命时,主要考虑的因素是目标污染物的负载强度、使用空间及条件等。值得注意的是,目标污染物的负载强度有可能是因时因地变化的;因此,估算后的"使用寿命"应该是基于时间、环境负载等多项条件的累加值。

(3)附录 G 中针对的两种典型目标污染物的复杂条件对应使用时间表,只能仅供计算时参考。

四、应用对象说明

1. 消费者选购建议

"洁净空气量""累积净化量"是评价产品优劣的两项核心参数,也是评价标注净化器的本质指标;仅标注(对某一污染物的)"净化率"是不科学的,不能反映净化器的真实的净化能力。"适用面积""净化寿命"则是根据实际使用环境推算出来的,可为消费者提供选购、使用指导;同时,消费者应了解"目标污染物"的概念,结合产品的使用说明书,选择去除物明确的空气净化产品,以满足其实际需求。

2. 监督执法参考

作为产品及市场监督部门,建议对涉及空气净化器产品的各项技术术语和涉及的概念有明确的理解,以便进行正常监督管理。

3. 制造商/生产商

应对标准中的各项基本术语及概念有准确的理解和把握,防止由于对概念理解不清,导致对产品的标注和宣传有误。

4. 检测机构

在对净化器产品的检测与评价中,应注重对标准中涉及的基本"术语及定义"准确理解和应用,特别是涉及试验条件、试验方法、评价依据的有关术语,如对"试验舱""额定状态""自然衰减""总衰减"等概念的理解,应准确无偏颇,以确保试验结果的再现性和可重复性。

第 4 章　型号与命名

一、设置目的

本章对标空气净化器产品的型号与命名做了明确规定,目的是使净化器产品的规格型号表述尽量统一、简单、明确、规范,产品的主要参数辨识明晰。

二、差异说明

(1)将净化器的产品分类归入第 1 章"范围"。

（2）将净化器的主规格参数定为："洁净空气量"，并规定以此作为产品的主参数。

（3）明确了净化器产品规格型号的书写及表达格式。

（4）具体差异比对见表2-4。

表2-4　差异列表

序号	GB/T 18801—2008	GB/T 18801—2015	差异说明
1	**4.1　型式** 按净化原理分类： a）　G-过滤式； b）　X-吸附式； c）　L-络合式； d）　H-化学催化式； e）　P-光催化式； f）　J-静电式； g）　N-负离子式； h）　D-等离子式； i）　F-复合式； j）　Q-其他类型。 注1：复合式指采用2种或2种以上净化原理，可去除2种或2种以上空气污染物的空气净化器。 注2：若空气净化器采用2种或2种以上净化原理，但去除的空气污染物只有一种，则可按贡献最大的净化原理分类	删除	这一部分内容在"第1章范围"中做了描述与说明
2	**4.2　规格** 空气净化器的洁净空气量，单位 m³/h	删除	在产品的"命名方式"中已经涉及规格，此间无需赘述
3	**4.3　产品型号表示** （见图2-1）	**4　型号与命名** 净化器应符合下述命名方式（见图2-2）	删除设计代号，简化了命名方式；将净化器型号（洁净空气量）的位置前移，突出了产品的核心参数
4	型号示例： KJGT20 即洁净空气量为 20 m³/h 的 T 系列过滤式空气净化器，原型设计。 KJFOA30B 即洁净空气量为 30 m³/h 的 OA 系列复合式空气净化器，第二次改进设计	示例：KJ600G-A01 表示洁净空气量为 600 m³/h、过滤式、A 系列，第 1 款净化器	针对命名方式的调整，对示例做了修改

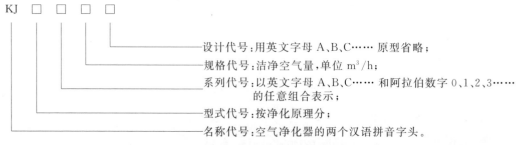

图 2-1　GB/T 18801—2008 版的产品型号表示方法

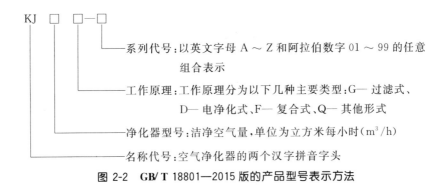

图 2-2　GB/T 18801—2015 版的产品型号表示方法

三、标准解读

> **4　型号与命名**
>
> 净化器应符合下述命名方式:
>
>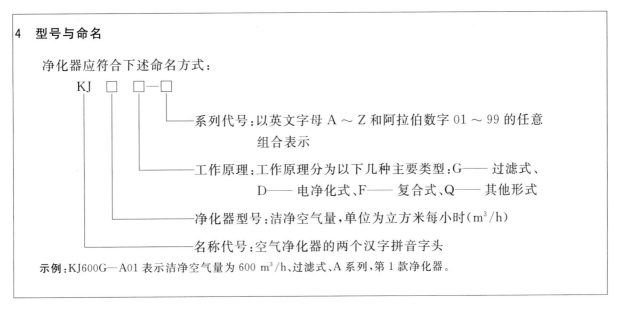
>
> **示例:** KJ600G—A01 表示洁净空气量为 600 m³/h、过滤式、A 系列,第 1 款净化器。

▷ **理解要点:**

(1) 根据 GB 5296.2《消费品使用说明　第 2 部分:家用和类似用途电器》中规定的要求,产品型号应在产品上和产品的使用说明书中标出,具体见示例图 2-3。

(2) 名称代号中的汉语拼音字母用大写。

(3) 以洁净空气量(CADR)代表空气净化器的规格型号。此处的数值并不是产品的标称值,可以用产品的标称值取整表示,但不应与产品的实际性能差异过大。型号标注值不应超过标称值的 10%。如产品标称的 CADR 为 320 m³/h,则可以选择 300 或 350 作为净化器型号。

(4) 型号命名中,将工作原理分为四大类,即过滤式、电净化式、复合式、其他形式。

(5) 系列代号,是产品生产企业根据实际生产或销售需求,自行选择。

(6) 表 2-5 列出了产品命名示例,并分别作出了解析。

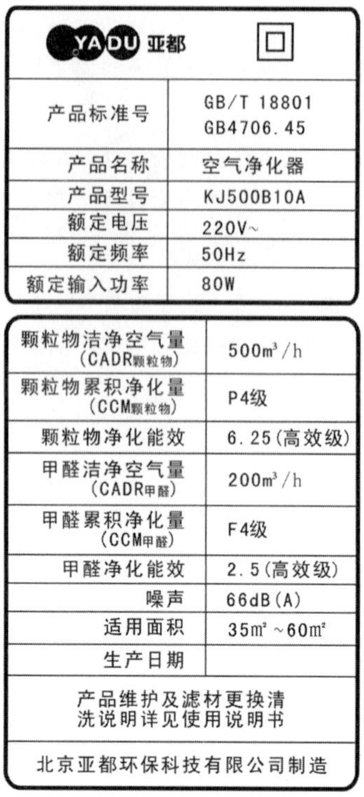

产品标准号	GB/T 18801 GB 4706.45
产品名称	空气净化器
产品型号	KJ500B10A
额定电压	220V~
额定频率	50Hz
额定输入功率	80W

颗粒物洁净空气量 (CADR颗粒物)	500m³/h
颗粒物累积净化量 (CCM颗粒物)	P4级
颗粒物净化能效	6.25(高效级)
甲醛洁净空气量 (CADR甲醛)	200m³/h
甲醛累积净化量 (CCM甲醛)	F4级
甲醛净化能效	2.5(高效级)
噪声	66dB(A)
适用面积	35m²~60m²
生产日期	

产品维护及滤材更换清洗说明详见使用说明书

北京亚都环保科技有限公司制造

图 2-3　产品型号示例图

表 2-5　产品命名示例解析

命名示例	解析
KJ—F200/CA	符合要求： ——KJ 的标注符合要求； ——CADR 值为 200,体现出产品的主要性能参数,符合要求； ——F 为复合式,体现净化原理,符合要求
KJG1201S	符合要求： ——KJ 的标注符合要求； ——CADR 值为 120,体现出产品的主要性能参数,符合要求； ——G 为过滤式,体现净化原理,符合要求； ——1S 为系列代号,可依据厂家需求制定,符合要求
KJ—700B05	基本符合要求： ——KJ 的标注符合要求； ——CADR 值为 700 左右,体现出产品的主要性能参数,符合要求； ——型号命名中未体现净化原理,不符合要求
KJ700—C	基本符合要求： ——KJ 的标注符合要求； ——CADR 值为 700 左右,体现出产品的主要性能参数,符合要求； ——型号命名中未体现净化原理
KJ20/CA	基本不符合要求： ——KJ 的标注符合要求； ——CADR 值为 200,但是将 CADR/10 作为产品型号,不符合要求； ——未体现净化原理,不符合要求

表 2-5（续）

命名示例	解析
KJ16Z01DS	基本不符合要求： ——KJ 的标注符合要求； ——CADR 值为 160，但是将 CADR/10 作为产品型号，不符合要求； ——未体现净化原理，不符合要求
PAC35M1101W	不符合要求： ——未使用 KJ 表征空气净化器； ——无 CADR 值，没有体现出产品主要性能参数； ——未体现净化原理
HA—DM16	不符合要求： ——未使用 KJ 表征空气净化器； ——无 CADR 值，没有体现出产品主要性能参数； ——未体现净化原理

四、应用对象说明

1. 消费者选购提示

应重点关注净化器型号（即 CADR 值）以及工作原理，选购时，通过对不同产品的命名的对比，选择适用的、性价比高的产品。

2. 监督执法参考

对于标注"依据 GB/T 18801"等类似内容的空气净化器产品，应检查其命名方式是否符合本章的要求。

3. 制造商/生产商

标注"依据 GB/T 18801"等类似内容的空气净化器产品，均应按照本章的要求对其产品进行命名。

第 5 章　要　　求

一、设置目的

本章是产品标准的重要章节。

本章针对净化器产品性能指标提出并设立了具体技术的要求或技术指标，其涉及的内容，是空气净化器产品应该满足或必备的基本技术要求。

设置本章目的，是为了使被评价的净化器产品性能能够达到统一的基本要求，同时，可在此基础上进行提升，使企业在设计、制造产品时有一个明确追求的目标。

二、差异说明

（1）调整完善了净化器产品技术要求的内容，将原 5.1"外观"和原 5.2"试运转"内容删除。

（2）增加了 5.1"有害物质释放量"、5.2"待机功率"、5.4"累积净化量"和 5.7"微生物去除"。

（3）调整了产品针对不同目标污染物洁净空气量（CADR）的能效限值等级，分为"合格级"和"高效级"。

（4）对产品的工作噪声分档区间做了调整，规定了噪声实测值与标称值的允差。

（5）具体差异比对见表 2-6。

表 2-6　差异列表

序号	GB/T 18801—2008	GB/T 18801—2015	差异说明
1	无	**5.1　有害物质释放量** 净化器有害物质释放量应满足GB 4706.45—2008 中第 32 章、GB 21551.3—2010 中第 4 章规定的要求	增加了新的要求,空气净化器在净化空气的同时,不应该产生危害消费者健康的副产物
2	无	**5.2　待机功率** 净化器的待机功率实测值应不大于2.0 W。 按照6.5的试验方法,对净化器的待机功率进行试验	增加了新的要求,"待机功率"是产品节能减排的重要指标,应提出具体要求——作为家用电器产品,"待机功率"应作为一项考核能效的基本指标
3	**5.3　洁净空气量** 空气净化器洁净空气量实测值应不小于标称值的 90 %。 空气净化器对于可去除的每一种空气污染物都有一个对应的洁净空气量,洁净空气量与去除的空气污染物应对应标注	**5.3　洁净空气量** 净化器针对颗粒物和气态污染物的洁净空气量实测值不应小于标称值的 90%。 按照6.6规定的试验方法,对颗粒物和气态污染物的洁净空气量进行试验	对"洁净空气量"CADR的基本技术要求(包括允差)没有变,但修改了相关的文字表述
4	**5.4　净化寿命** 空气净化器(或可更换式净化部件)的净化寿命实测值应不小于标称值的 90 %	**5.4　累积净化量** 净化器针对特定目标污染物的累积净化量实测值应在净化器标注的区间分档内。 按照6.7规定的试验方法,对颗粒物和气态污染物的累积净化量进行试验。 注:去除颗粒物的累积净化量区间分档方式见附录 D,去除甲醛的累积净化量的区间分档参见附录 E	用"累积净化量"代替"净化寿命",使这一项技术要求更加具体化,便于操作和执行。"累积净化量"从"时间"维度对空气净化器的性能提出了要求,是表征净化器性能优越(耐久性)的重要指标,也是消费者选购的重要参考指标

表 2-6（续）

序号	GB/T 18801—2008	GB/T 18801—2015	差异说明
5	**5.6.2　净化效能分级** 空气净化器净化效能根据单位能耗产生的洁净空气量由高到低分为 A、B、C、D4 级，具体指标见表 2、表 3 及表 4。 **表 2　（固态污染物）** 	净化效能等级	净化效能 η 范围／$[m^3/(h\cdot W)]$
---	---
A	$\eta \geqslant 2.00$
B	$1.50 \leqslant \eta < 2.00$
C	$1.00 \leqslant \eta < 1.50$
D	$0.50 \leqslant \eta < 1.00$	 **表 3　（气态污染物）** 	净化效能等级	净化效能 η 范围／$[m^3/(h\cdot W)]$
---	---
A	$\eta \geqslant 0.80$
B	$0.60 \leqslant \eta < 0.80$
C	$0.40 \leqslant \eta < 0.60$
D	$0.20 \leqslant \eta < 0.40$	 **表 4　（总净化效能）** 	净化效能等级	净化效能 η 范围／$[m^3/(h\cdot W)]$
---	---
A	$\eta \geqslant 1.60$
B	$1.20 \leqslant \eta < 1.60$
C	$0.80 \leqslant \eta < 1.20$
D	$0.40 \leqslant \eta < 0.80$		**5.5.2　分级** 净化器对不同目标污染物的净化能效限值为表 1、表 2 中的合格级。 净化器对颗粒物的净化能效分级见表 1。 **表 1** | 净化能效等级	净化能效 $\eta_{颗粒物}$／$[m^3/(W\cdot h)]$
---	---
高效级	$\eta \geqslant 5.0$
合格级	$2.00 \leqslant \eta_{颗粒物} < 5.00$	 净化器对气态污染物的净化能效分级见表 2。 **表 2** 	净化能效等级	净化能效 $\eta_{颗粒物}$／$[m^3/(W\cdot h)]$
---	---
高效级	$\eta_{气态污染物} \geqslant 1.00$
合格级	$0.50 \leqslant \eta_{气态污染物} < 1.00$		上一版标准中"总净化能效"的物理意义不明确，因此删除了总净化能效的分级要求； 将针对不同目标污染物的"净化效能"改为"净化能效"； A、B、C、D4 级改为高效级、合格级，既关注目前，又考虑将来
6	**5.5　噪声** 	洁净空气量（CADR）／(m^3/h)	声功率级／dB(A)
---	---
$\leqslant 150$	$\leqslant 55$
$150 < Q \leqslant 400$	$\leqslant 60$
> 400	$\leqslant 65$ | 注：如果空气净化器可去除多种污染物时，则可按最大 CADR 值对应表中的噪声值。	**5.6　噪声** | 洁净空气量／(m^3/h)	声功率级／dB(A) $\leqslant$
---	---
$Q \leqslant 150$	55
$150 < Q \leqslant 300$	61
$300 < Q \leqslant 450$	66
$Q > 450$	70	 注：如果净化器可去除一种以上目标污染物时，则按最大洁净空气量值确定表中对应的噪声限值。	细化了 CADR 的分档范围，调整了各 CADR 档位对应的噪声限值
7	无	**5.7　微生物去除** 净化器对微生物的去除性能应符合 GB 21551.3—2010 的要求	增加了新的要求（在产品明确具有该项净化功能时，应该具备的要求）

表 2-6（续）

序号	GB/T 18801—2008	GB/T 18801—2015	差异说明
8	**5.1 外观** 空气净化器外观不应有指纹、划痕、气泡和缩孔等缺陷。主要部件应使用安全、无害、无异味、不造成二次污染材料制作，并坚固、耐用	无	删除了"外观"的要求。即使标准中未涉及"外观"的要求，制造商也会对产品的外观设计做出考量，因此可删除
9	**5.2 试运转** 按照空气净化器产品使用说明书要求操作，应能正常工作，并能完成产品使用说明书所述功能（关于这些功能的技术要求，如本标准未规定，可执行相应的国家标准、行业标准或备案的企业标准的要求）	无	删除"试运转"的要求。该项内容不属于"要求"的范畴

三、标准解读

5.1 有害物质释放量

净化器有害物质释放量应满足 GB 4706.45—2008 中第 32 章、GB 21551.3—2010 中第 4 章规定的要求。

▷ 理解要点：

（1）本项要求指明净化器在净化空气的同时，不应产生对人体有害的物质。

（2）4706.45 中指出，电离装置产生的臭氧浓度百分比应不超过 5×10^{-6}。

（3）GB 21551.3—2010 中第 4 章的规定是：空气净化器本身所产生的有害物质，包括臭氧、紫外线、TVOC、PM10，应符合表 2-7 的规定。

表 2-7 **GB 21551.3—2010 中第 4 章规定的有害物质释放限值**

有害因素	控制指标
臭氧浓度（出风口 5 cm 处）	$\leqslant$0.1 mg/m³
紫外线强度（装置周边 30 cm 处）	$\leqslant$5 μW/m³
TVOC 浓度（出风口 20 cm 处）	$\leqslant$0.15 mg/m³
PM10 浓度（出风口 20 cm 处）	$\leqslant$0.07 mg/m³

——GB 4706.45、GB 21551.3 均对臭氧提出了要求，但试验方法不同，应符合最严酷的条件。

5.2 待机功率

净化器的待机功率实测值应不大于 2.0 W。

按照 6.5 的试验方法，对净化器的待机功率进行试验。

▷ 理解要点：

（1）对净化器产品的待机状态提出了能耗要求。

（2）制造商在设计产品时，应在产品功能设计、零部件选用、电路设计等方面做出优化，以满足此项要求。

5.3　洁净空气量

净化器针对颗粒物和气态污染物的洁净空气量实测值不应小于标称值的 90%。

按照 6.6 规定的试验方法,对颗粒物污染物和气态污染物的洁净空气量进行试验。

▶ **理解要点:**

(1)该项要求评价净化器的核心指标,是对净化器产品明示的 CADR 值提出的具体要求,例如,产品宣传具有去除颗粒物、甲醛、TVOC 等的功能,则应如实标注 $CADR_{颗粒物}$、$CADR_{甲醛}$、$CADR_{TVOC}$ 等对应项指标。

(2)该项要求制约了产品的过度宣传、虚标等现象。

(3)考虑到试验流程的复杂性、试验结果的波动性、生产批次的不确定性、产品个体的差异性等多种因素,规定明示值应不高于实测值的 10%。

5.4　累积净化量

净化器针对特定目标污染物的累积净化量实测值应在净化器标注的区间分档内。

按照 6.7 规定的试验方法,对颗粒物和气态污染物的累积净化量进行试验。

注:去除颗粒物的累积净化量区间分档方式见附录 D,去除甲醛的累积净化量的区间分档参见附录 E。

▶ **理解要点:**

(1)该项要求是评价净化器净化能力耐久性的技术指标,目的是验证净化器的净化功能是否具有一定的时效性,同时指导消费者合理使用净化器。

(2)该指标对净化器明示的 CCM 值提出了具体要求,例如,产品宣传具有去除颗粒物、甲醛、TVOC 的功能,则应如实对应标注 $CCM_{颗粒物}$、$CCM_{甲醛}$、CCM_{TVOC} 的分档区间,同时,结合 GB/T 18801—2015 第 8 章的要求,$CCM_{颗粒物}$ 是必许明示的,其他污染物的区间分档可选择标注。

(3)由于是通过区间分档的形式标注的,这种标注方式充分考虑了试验累积的测量误差、生产批次不确定度等因素,因此仅提出了"符合区间分档"的要求。

5.5　净化能效

5.5.1　基本要求

净化器对颗粒物和气态污染物净化能效的试验值均不应小于其标称值的 90%。

按照 6.8 规定的方法,分别对颗粒物和气态污染物的净化能效进行测试。

5.5.2　分级

净化器对不同目标污染物的净化能效值为表 1、表 2 中的合格级。

净化器对颗粒物的净化能效分级见表 1。

表 1

净化能效等级	净化能效 $\eta_{颗粒物}$/$[m^3/(W \cdot h)]$
高效级	$\eta_{颗粒物} \geqslant 5.00$
合格级	$2.00 \leqslant \eta_{颗粒物} < 5.00$

净化器对气态污染物的净化能效分级见表 2。

表 2

净化能效等级	净化能效 $\eta_{气态污染物}$/[m³/(W·h)]
高效级	$\eta_{气态污染物} \geqslant 1.00$
合格级	$0.50 \leqslant \eta_{气态污染物} < 1.00$

▷ **理解要点：**

（1）该项要求对产品的使用状态提出了能效指标。

（2）由于净化能效是通过"洁净空气量评价值/输入功率实测值"计算得出的，并且洁净空气量的评价值具有测量误差，因此净化能效的明示值可以比实测值高 10%。

（3）如果产品标注了颗粒物和气态污染物的洁净空气量，则也应标出相应的净化能效。

（4）由于空气净化器不是显著的耗能产品，因此仅做出了两级分档；凡是符合 GB/T 18801 的产品，至少应达到合格及的要求。

5.6 噪声

5.6.1 净化器工作时洁净空气量实测值对应的噪声值应符合表 3 的规定。按照 6.9 规定的方法，对净化器的噪声进行测试。

表 3

洁净空气量/(m³/h)	声功率级/dB(A) ≤
$Q \leqslant 150$	55
$150 < Q \leqslant 300$	61
$300 < Q \leqslant 450$	66
$Q > 450$	70

注：如果净化器可去除一种以上目标污染物，则按最大洁净空气量值确定表中对应的噪声限值。

5.6.2 净化器噪声实测值与标称值的允差不大于 +3 dB(A)。

▷ **理解要点：**

（1）对净化器运行时产生的噪声提出了分档要求。

（2）明确净化器的噪声限值用声功率级表示。

（3）表 3 中的洁净空气量实测值分档对应的噪声声功率级应为实测最高允值，与 CADR 和噪声的标称值无关；

（4）考虑到产品的制造偏差，噪声的标称值可比实测值最多低 3 dB(A)。

5.7 微生物去除

净化器对微生物的去除性能应符合 GB 21551.3—2010 的要求。

▷ **理解要点：**

（1）对净化器去除微生物的能力提出了明确要求。

（2）如果产品宣称具有微生物去除功能，则应符合该项要求。

四、应用对象说明

1. 消费者选购建议

如果产品标注了"依据 GB/T 18801"等类似内容,则其至少应满足上述 7 条要求。值得注意的是,上述要求仅针对新产品,对于已经使用的产品,其性能不在本标准规定的要求内。消费者在选购净化器时,直接关注的技术指标为:"洁净空气量"(CADR)、"累积净化量"(CCM),以及能效水平和噪声。

2. 工商执法

应注意产品的标注是否与标准规定的要求相一致。

3. 制造商/生产商

只有性能满足了上述基本要求,才可在产品上标注"依据 GB/T 18801"等类似内容。

4. 检测机构

本章内容是试验结论的判定依据,应严格执行。

第6章　试验方法

一、设置目的

本章是针对产品标准技术要求而提出的对应的试验方法。

本章规定了对净化器性能试验应具备的基本条件和试验手段,包括试验时环境参数、试验用标准物质及发生器、发生条件、试验用样本、试验用测量仪器仪表的精确度,以及试验的基本流程等。

设置本章目的,是为了建立一个科学统一的试验平台,以实现试验结果的可复现性。

二、差异说明

(1) 将"试验的一般条件""试验设备"和"试验标准物质"做了完善和补充,删除了对"试验样品"的内容。

(2) 增加了标准修订后所补充的"技术要求"对应的测试方法依据或说明,如"有害物质释放""微生物去除""净化能效"和"风道式净化装置的净化性能试验"等内容。

(3) 将"洁净空气量"和"累积净化量"的测试方法纳入了对应的附件,并细化了试验程序。

(4) 进一步明确了噪声的测试方法。

(5) 具体差异比对见表2-8。

表 2-8　差异列表

序号	GB/T 18801—2008	GB/T 18801—2015	差异说明
1	6.1　测试的一般条件 a)　环境温度:(25±2)℃ b)　环境湿度:(50±10)%	6.1　试验的一般条件 试验应符合下述一般条件: a)　除对试验环境条件另作具体规定的试验外,型式试验应在环境温度为(25±2)℃,相对湿度为(50±10)%,无外界气流,无强烈阳光和其他辐射作用的室内进行; b)　试验电源为单相交流正弦波,电压和频率的波动范围不得超过额定值的±1%; c)　被测样机应在额定状态下,按照使用说明规定的方法进行试验	细化了试验的基本条件。从试验的一般条件、试验用电源和本被试验样机三个方面作了规定。即,除了对试验环境温湿度等做出规定外,还对试验用电源、待测样机提出了要求

表 2-8（续）

序号	GB/T 18801—2008	GB/T 18801—2015	差异说明
2	**6.2 试验设备** 试验前检查污染物发生、测量和记录等器具，均应处于正常使用状态。试验用仪器仪表的性能、精度、量程应满足被测量的要求。 **6.2.1** 用于型式试验的电工测量仪表，除已具体规定的仪表外，其精度应不低于 0.5 级，出厂试验应不低于 1.0 级。 **6.2.2** 测量温度用的温度计，其精度应在 0.5 ℃。 **6.2.3** 测量时间用的仪表，其精度应在 0.5 ％以内	**6.2 试验设备** 试验前检查污染物发生、测量和记录等器具，均应处于正常使用状态。试验用仪器仪表的性能、不确定度、量程应满足下列测量要求： a) 用于型式试验的电工测量仪表，除已具体规定的仪表外，其精度应不低于 0.5 级，出厂试验应不低于 1.0 级； b) 温度计：不确定度应在 ±0.5℃ 以内； c) 湿度计：不确定度应在 ±5％ 以内； d) 计时仪表：不确定度应在 ±0.5％ 以内； e) 激光尘埃粒子计数器，测试粒径范围应包括 0.3 μm～10 μm，仪器量程应满足 10^6 个/L（如果量程达不到，应配置合适的稀释器；或采用经过计量的同类等级的仪器）； f) 颗粒物质量浓度测试仪，不确定度应在 ±0.001 mg/m³ 以内； g) 气态污染物质量浓度测试仪，不确定度应在 ±0.01 mg/m³ 以内； 在线即读式气态污染物浓度测试仪需根据其测量范围做定期校准，与化学法或色谱法测得的数据比较，偏差应在 ±10％ 以内； h) 分光光度计，不确定度应在 ±0.005 以内	增加并细化了湿度计、激光尘埃粒子计数器、颗粒物质量浓度测试仪、气态污染物质量浓度测试仪、分光光度计等试验设备的要求
3	无	**6.3 标准污染物** 试验用标准污染物应符合下述要求： a) 颗粒物：香烟烟雾（例如：红塔山牌经典150），焦油量为 8 mg； b) 气态污染物：发生源产生的气体纯度大于 99％或二级标气以上； c) 微生物：符合 GB 21551.3—2010 的相关规定	增加了新的条款，规范了标准污染物的选用条件，以确保试验结果的一致性
4	**6.3 试验样品** 通过视检确认空气净化器外观质量是否符合 5.1 的要求。如果室内空气净化器的风量是多档可调的，试验时应按产品说明书调至性能最佳的运行状态	无	删除该项条款，条款 3.4 以及 6.1c) 提出按照额定状态进行试验，因此对"试验样品"的要求无需赘述
5	无	**6.4 有害物质释放量** 有害物质释放量试验按照 GB 4706.45—2008 第 32 章和 GB 21551.3—2010 第 4 章规定的方法进行	针对第五章增加的要求，提出了对应的试验方法（引用标准）

表 2-8（续）

序号	GB/T 18801—2008	GB/T 18801—2015	差异说明
6		**6.5　待机功率** 连接净化器与电参数测试仪表，接通电源，仪表进入测量状态，净化器在待机状态下稳定至少 10 min 后，开始读取测量值。 在超过 30 min 的时间，测量的功率变化小于 1%，可以直接读取测量值作为待机功率。 如果在此期间内功率变化不小于 1%，则连续测量延至 60 min，用耗电量除以测试时间来计算平均功率，即为待机功率	针对第 5 章增加的要求，提出了新的试验方法，并对试验流程做了详细规定
7	**6.4　固态污染物去除试验** **6.5　去除气体污染物的试验**	**6.6　洁净空气量** 6.6.1　针对颗粒物的洁净空气量的试验方法见附录 B。 6.6.2　针对气态污染物的洁净能力（洁净空气量）的试验方法见附录 C	洁净空气量的试验方法分别以附录 B（颗粒物）、附录 C（化学污染物）的形式体现。试验步骤也做了适当调整和细化
8	**6.6　净化寿命的试验** 6.6.1　将待检验的空气净化器放置于附录 A 试验室中心的桌子上（立式空气净化器除外）。把空气净化器调节到试验的工作状态，检查运转正常是否正常，然后关闭设在试验室外面的开关。 6.6.2　按 6.4 或 6.5 的规定测定空气净化器去除固态污染物或气体污染物的洁净空气量，记录作为初始值。 6.6.3　启动温湿度控制装置，使室内温度和相对湿度达到规定状态。启动循环风扇，将试验用固态污染物或气体污染物的发生器连接一根穿过试验室壁的管子，发生的污染物可被卷入循环风扇搅拌所形成的空气涡流中去。实验室污染物浓度应维持在 GB/T 18883 规定值的 100 倍以内，在净化寿命的试验过程中，浓度变化应维持在平均值的 10% 以内。 6.6.4　开启待检验的空气净化器，记录时间作为起始时间（$t = 0$）。空气净化器继续运行适当的时间间隔，再按 6.4 或 6.5 规定测定空气净化器去除固态污染物或气体污染物的洁净空气量，一直进行到去除污染物的洁净空气量降低至初始值的 50% 为止。 6.6.5　关闭空气净化器。记录试验时试验室内的温度和相对湿度的平均值。 6.6.6　按附录 B 计算净化寿命。应符合 5.4 的要求	**6.7　累积净化量** 6.7.1　针对颗粒物的累积净化量的试验方法见附录 D。 6.7.2　针对气态污染物的累积净化量的试验方法参见附录 E	用"累积净化量"试验代替产品的"净化寿命"试验，并在附录 D 中予以详细明确；同时细化了试验步骤，提高了试验的可操作性

31

表 2-8（续）

序号	GB/T 18801—2008	GB/T 18801—2015	差异说明
9	无	6.8　净化能效 6.8.1　输入功率测量 6.8.2　净化能效计算	增加了净化能效试验方法。先进行输入功率测量,继而进行净化能效计算
10	6.8　噪声试验 6.8.1　空气净化器噪声测量在正常使用状态、风量最大的条件下运行,其声学环境、试验条件、测量仪器应符合 GB/T 4214.1—2000 的相关要求。 6.8.2　空气净化器的运行和放置应符合 GB/T 4214.1—2000 第 6 章的要求。 6.8.3　空气净化器的声压级的测量应符合 GB/T 4214.1—2000 第 7 章的要求。 6.8.4　空气净化器的声压级和声功率级的计算应符合 GB/T 4214.1—2000 第 8 章的要求	6.9　噪声 净化器在额定状态下运行,按照 GB/T 4214.1—2000 的相关要求进行试验,并增加以下内容: ——GB/T 4214.1—2000 中 6.5.4 增加:壁挂式器具,包括其附件,应安放在固定架上。安装时器具距离地面 0.6 m,净化器的背面和垂直壁面之间的距离为 $D=(1\pm0.5)$ cm; ——GB/T 4214.1—2000 中 7.1.1 增加:对于基准体任一边长大于 0.7 m、自由放置的落地式器具,包括嵌入式器具,测量表面是带有 9 个测点的矩形六面体	噪声试验方法基本没变化,均按照 GB/T 4214.1—2000 的要求进行,对安装方式和测量表面的描述做出了细化
11	6.7　试运转试验 空气净化器接通电源后,按照产品使用说明书的要求操作,应符合 5.2 的要求	无	

三、标准解读

6.1　试验的一般条件

试验应符合下述一般条件:

a)　除对试验环境条件另作具体规定的试验外,型式试验应在环境温度为(25±2)℃,相对湿度为(50±10)%,无外界气流,无强烈阳光和其他辐射作用的室内进行;

b)　试验电源为单相交流正弦波,电压和频率的波动范围不得超过额定值的±1%;

c)　被测样机应在额定状态下,按照使用说明规定的方法进行试验。

▷ **理解要点:**

（1）为了确保试验结果的一致性,应对试验环境条件作出统一规定,其中包括环境温湿度、电源参数等进行控制。

（2）甲醛试验对环境的温湿度要求最高。特别对于直读式测量仪器,为了保证测量的准确度,应确保试验舱内的温湿度恒定。

（3）试验室内应安装带加湿功能的空调器,可通过设置空调器参数,实现调节试验室温湿度的目的。

（4）应确保供电电源质量稳定。

（5）明确试验是在"额定状态"下，按照使用说明规定的方法进行。

6.2 试验设备

试验前检查污染物发生、测量和记录等器具，均应处于正常使用状态。试验用仪器仪表的性能、不确定度、量程应满足下列测量要求：

a) 用于型式试验的电工测量仪表，除已具体规定的仪表外，其精度应不低于 0.5 级，出厂试验应不低于 1.0 级；

b) 温度计：不确定度应在 ± 0.5 ℃以内；

c) 湿度计：不确定度应在 $\pm 5\%$ 以内；

d) 计时仪表：不确定度应在 $\pm 0.5\%$ 以内；

e) 激光尘埃粒子计数器，测试粒径范围应包括 0.3 μm～10 μm，仪器量程应满足 10^6 个/L（如果量程达不到，应配置合适的稀释器；或采用经过计量的同类等级的仪器）；

f) 颗粒物质量浓度测试仪，不确定度应在 ± 0.001 mg/m³ 以内；

g) 气态污染物质量浓度测试仪，不确定度应在 ± 0.01 mg/m³ 以内；

在线即读式气态污染物浓度测试仪需根据其测量范围做定期校准，与化学法或色谱法测得的数据比较，偏差应在 $\pm 10\%$ 以内；

h) 分光光度计，不确定度应在 ± 0.005 以内。

▷ **理解要点：**

（1）型式试验用电工测量仪表的精度要求要高于出厂试验用仪表。

（2）电工测量仪表主要有低阻安培表、电压表、接地电阻测试仪等，用来实现安全相关的项目检验。

（3）温度计、湿度计，用来测量显示试验室内的环境温湿度。

（4）计时仪表，测量 CADR 时用来判断采样时刻以及取样时间。

（5）激光尘埃粒子计数器，用来测量颗粒物浓度。

目前，颗粒物的监测方法主要有膜称重法、压电晶体法、电荷法、β 射线吸收法、光散射法，各种方法各有其优缺点。其中，膜称重法由于原理简单，干扰因素少，而成为常规方法，但是该方法操作流程复杂，难以满足快速在线监测的需求。相比之下，光散射法具有测量范围宽、精度高、重复性好、自动化程度高、能实现在线测量等优点，在粒子测量领域占据了主导地位。光散射法基于光散射原理，当光束入射到颗粒上时，将向空间四周散射，通过分析散射光特性，即可得到待测粒径的大小和分布，尘埃粒子计数器便是基于该机理针对粒子测量的主要仪器。

粒子计数器主要由激光器、光电探测器、气路系统、数据处理单元等元器件或功能模块组成，任意一个元器件或模块的选择、设计都会对整体产生影响，如激光器、光电探测器的优劣会影响整机的寿命和可靠性；气路系统的加工会影响到检测数据的精度和可靠性；数据处理单元的设计会影响到检测结果的准确度和再现性。

图 2-4、图 2-5 是一种常用的粒子计数器（粒径谱仪）及配套使用的稀释器。

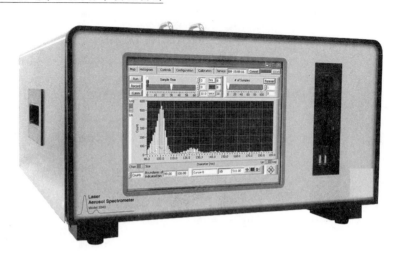

图 2-4　粒径谱仪

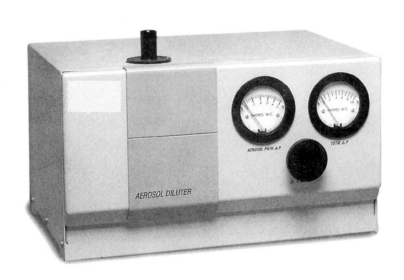

图 2-5　稀释器

这种典型常用的激光气溶胶粒径谱仪具有较高的灵敏度和卓越分辨率,可以准确地在 0.1 s 内测量从 0.09 μm～7.5 μm 的整个粒径范围粒径分布;自定义设置的粒径通道(1～100 个),以便可以筛选特定粒径段或者与其它仪器的粒径分布谱图进行对比。可用于测量空气净化器和过滤器的净化效率,实验室测量以及野外观测采样。

主要技术参数:

粒径范围:0.09 μm～7.5 μm

粒径精度:对于 0.1 μm 粒子≤ 5%(通常≤ 2.5%)

零点计数:5 min<1 个粒子(JIS 标准)

计数效率:90 nm 粒子≥ 50%

通道数:1～100 个

流量:

采样流量用户自选,10 ml～100 ml/min±5%

鞘气流量 650 ml/min±5%

气压校正通过内置流量控制器进行气压自动校正

标定粒子:NIST 溯源聚苯乙烯球。

(6) 按本标准中对空气净化器的颗粒物净化能力的测试(CADR),评价粒子是以计数为基础的,因而以尘埃粒子计数器作为最主要的测试仪器。由于方法中规定的测试条件较为特殊,为保证测试的结果可靠,选择尘埃粒子计数器并合理的使用和正确的维护尤为关键。

知识拓展

尘埃粒子计数器的选择

1. 最小可测粒径

尘埃粒子计数器的最小可测粒径应至少满足不大于 0.3 μm。为保证实际最小测试粒径段的数据可靠性,建议尽量选择具备较 0.3 μm 更小的测试粒径的仪器,如最小测试粒径为 0.1 μm 或 0.2 μm。

2. 计数浓度范围

尘埃粒子计数器仪器直接采样测试时,应选择符合方法要求的计数浓度范围的仪器。常规激光尘埃粒子计数器是用于对较低浓度颗粒物的空气环境中进行洁净度评价的,其上限计数浓度不需要很高,从而也保障了仪器可以有比较理想的检出下限和提高数据可靠性。而 CADR 测试是在颗粒物污染严重环境下进行的,常规尘埃粒子计数器在此环境下难以正常使用,出现漏计数现象,严重影响测试结果的准确性。如使用仪器的计数浓度范围较小,应配置稀释器后进行测试。

3. 采样流量

常规尘埃粒子计数器的采样流量为 28.3 L/min 及 2.83 L/min,应选择采样流量不超过 2.83 L/min 的仪器进行测试。由于 CADR 测试是一个在全密闭环境下、有较长时间过程的测试方法,试验舱内被采样损失的空气体积将影响测试结果,导致偏差。结合仪器的计数浓度范围,建议选择采样流量尽可能比 2.83 L/min 更小的仪器。

---

(7)粒子计数器需要定期计量校准,可依据 JJF 1190—2008《尘埃粒子计数器校准规范》进行校准。

知识拓展

尘埃粒子计数器的校准、使用和维护

1. 校准

尘埃粒子计数器应该送正规的计量部门校准,常规是一年一次,如果使用频繁,使用环境恶劣应增加送检频率。

2. 使用

尘埃粒子计数器使用过程中必须注意使用环境限制,超过粒子浓度上限的计数是无效的,并且将对尘埃粒子计数器造成不必要的伤害。

尘埃粒子计数器在使用前应将粒子计数器采样口接超高效过滤器(或仪器自备的自净口),使粒子计数器处于自净状态,每次采样时间为 1 min,并且连续进行,粒子浓度三次为零时停止记时。确保仪器设备处于正常运行状态。

尘埃粒子计数器在使用后应将粒子计数器采样口接超高效过滤器(或仪器自备的自净口),使粒子计数器处于自净状态,每次采样时间为 1 min,并且连续进行,粒子浓度三次为零时停止记时。清理尘埃粒子计数器气路以及散射腔中可能存在的残留,尤其是在高浓度环境下使用应延长自净时间,最好大于 10 次清零。

3. 维护

由于 CADR 测试中以香烟烟雾为污染源,气体中物质成分中含有颗粒、焦油、多种化合物等,对尘埃粒子计数器的气路及光学系统有一定影响,大量试验后,不仅影响测试的准确性,也非常容易造成仪器核心部件损坏。因此,需要定期委托生产厂家清洁和维护仪器。此外,如果用到稀释器,应作为系统,同样参与保养和维护。

---

(8)颗粒物浓度测试仪,在进行颗粒物的累积净化量试验时,使用该仪器测量试验舱内的颗粒物质量浓度。由于 CADR 测试中以香烟烟雾为污染源,气体中物质成分中含有颗粒、焦油、多种化合物等,对尘埃粒子计数器的气路及光学系统有一定影响,大量试验后,不仅影响测试的准确性,也非常容易造成仪器核

心部件损坏。因此,需要定期委托生产厂家清洁和维护仪器。目前,试验室普遍采用的质量浓度测试仪器同样是基于光散射原理,通过对"质量浓度装换系数 K"的设定,将测得的散射光光强转化为质量浓度。

知识拓展

K 值的确定方法

用光散射法和滤膜称重法同时测定,通过统计分析,计算出转换系数 K 值:

$$K = C/(R-B)$$

其中:

K——质量浓度转换系数;

C——滤膜称重法测得的质量浓度值;

R——光散射法测量仪器的测量值;

B——光散射法测量仪器的基底值。

对于不同性质的颗粒物,K 值的选择是不同的,因此合理设置 K 值将直接影响到测试仪的准确度。

---

(9)气态污染物浓度测试仪,用来测量气态污染物的质量浓度,对于不同化学性质的气态污染物,其不确定度均应满足小于±0.01 mg/m³ 的要求。由于使用特性,长期接触较高浓度的气态污染物,如甲醛、甲苯等,使用时需要特别注意仪器的示值误差变化。除了每年的定期检定之外,建议每两周对甲醛测试仪进行示值标定,如果出现明显偏离需要进行定期的维护校准,标定可以使用仪器与标准化学分析进行比较,查看测试仪的偏离幅度。

以甲醛检测仪器为例,目前,依据 GB/T 18883 的规定,空气中的甲醛应采用 AHMT 分光光度法、酚试剂分光光度法—气相色谱法、乙酰丙酮分光光度法三种方法。但是这三种方法操作流程繁琐,分析周期较长,不适用于对甲醛进行实时在线检测。基于电化学传感器法的在线直读仪器则弥补了这一缺陷。直读仪器的工作原理是:气体通过泵抽入后通过电化学传感器,甲醛气体受扩散和吸收控制,在一定的电极电压下,会相应的发生氧化,产生扩散电极电流,该电极电流与空气中的甲醛浓度成正比,该方法操作简单,但是仪器价格昂贵,维护成本较高,且需要定期与化学法或色谱法相校准。

(10)分光光度计,化学法测量气态污染物质量浓度时,用于分析标准溶液的显色反应,来判断化学气态污染物的质量浓度。

知识拓展

分光光度计的维护和保养

分光光度计作为一种精密仪器,在运行工作过程中由于工作环境,操作方法等种种原因,其技术状况必然会发生某些变化,可能影响设备的性能,甚至诱发设备故障及事故。因此,分析工作者必须了解分光光度计的基本原理和使用说明,并能及时发现和排除这些隐患,对已产生的故障及时维修才能保证仪器设备的正常运行。

(1)若大幅度改变测试波长,需稍等片刻,等灯热平衡后,重新校正"0"和"100%"点,然后再测量。

(2)指针式仪器在未接通电源时,电表的指针必须位于零刻度上。若不是这种情况,需进行机械调零。

(3)比色皿使用完毕后,请立即用蒸馏水冲洗干净,并用干净柔软的纱布将水迹擦去,以防止表面光洁度被破坏,影响比色皿的透光率。

(4)操作人员不应轻易动灯泡及反光镜灯,以免影响光效率。

(5)1900 型等分光光度计,由于其光电接收装置为光电倍增管,它本身的特点是放大倍数大,因而可以用于检测微弱光电信号,而不能用来检测强光。否则容易产生信号漂移,灵敏度下降。针对其上述特点,在维修、使用此类仪器时应注意不让光电倍增管长时间暴露于光下,因此在预热时,应打开比色皿盖或使用挡光杆,避免长时间照射使其性能漂移而导致工作不稳。

(6)放大器灵敏度换挡后,必须重新调零。

（7）比色杯的配套性问题。比色杯必须配套使用，否则将使测试结果失去意义。在进行每次测试前均应进行比较。具体方法如下：分别向被测的两只杯子里注入同样的溶液，把仪器置于某一波长处，石英比色杯：220 nm、700 nm 装蒸馏水，玻璃比色杯：700 nm 处装蒸馏水，将某一个池的透射比值调至100％，测量其他各池的透射比值，记录其示值之差及通光方向，如透射比之差在±0.5％的范围内则可以配套使用，若超出此范围应考虑其对测试结果的影响。

6.3　标准污染物

试验用标准污染物应符合下述要求：
a)　颗粒物：香烟烟雾（例如：红塔山牌经典 150），焦油量为 8 mg；
b)　气态污染物：发生源产生的气体纯度大于 99％或二级标气以上；
c)　微生物：符合 GB 21551.3—2010 的相关规定。

▷ **理解要点：**

（1）使用香烟烟雾作为颗粒物的标准污染物质，推荐使用红塔山经典 150，如果选用其他品牌的香烟，尽量选择焦油量为 8 mg 的香烟。

（2）对于有标气的化学气态污染物，应选择二级以上的标气，作为标准物质；对于没有标气的化学气态污染物，如甲醛，应控制其发生源的纯度大于 99％。标准气体属于标准物质，具有复现、保存和传递量值的基本作用。

（3）试验用菌为：白色葡萄球菌（staphylococcus albsp）8032 或其他适用非致病性微生物。

6.4　有害物质释放量

有害物质释放量试验按照 GB 4706.45—2008 第 32 章和 GB 21551.3—2010 第 4 章规定的方法进行。

▷ **理解要点：**

（1）GB 4706.45—2008 第 32 章中对臭氧的限值以及测试方法作出了规定，具体见附录 X。

（2）IEC 60335-2-65：2015《家用和类似用途电器安全空气净化器的特殊要求》对具有紫外线杀菌功能的空气净化器额外增加了技术要求和测试方法，具体为：

22　结构

22.103　紫外线空气净化器不应在下述情况下发生危害量级的紫外辐射：
　　——安装前，安装期间或安装后；
　　——运行时；
　　——维护时；
　　——清洗时；
　　——更换 UV-C 发射器时。

通过视检和第 32 章试验检查其符合性。如果（器具）设有开关可以使 UV-C 发射器断电满足安全要求，则应不能使用 IEC 61032 中规定的试验探针 B 触及到开关并使其动作。

22.104　如果允许用户自行更换 UV-C 发射器，器具的结构应确保：
　　——更换 UV-C 发射器简单易行；
　　——如果螺钉或元件被遗漏，或者安装、固定错误，则认为器具无法正常工作或明显不完整；
　　——如果要触及到 UV-C 发射器，可通过将连锁装置关闭，连锁装置应通过打开或移除一个部件进行控制。

通过视检和手动试验检查其符合性。

22.105 如果不允许用户自行更换 UV-C 发射器,应在器具结构上进行设置。

通过视检和(如有必要)手动试验检查其符合性。

注:如果仅可由制造商或其服务代理商更换发射器和器具的一部分,则认为符合要求。

22.106 直接或-间接暴露于 UV-C 辐射下的有机材料部件应具有防 UV-C 辐射的能力。

通过视检和(如有必要)手动试验检查其符合性。

23 内部布线

GB 4706.1—2005 中的该章除下述内容外均适用。

23.101 直接或间接暴露于 UV-C 辐射下的内部布线应具有防 UV-C 辐射的能力。

通过下述试验检查其符合性。

内部布线的样本按照附录 AA 进行处理。

处理完成后,导线用金属箔包裹,并在 15 mm 直径的导电芯棒上缠绕 3 周。在导线和芯棒之间施加 2 000 V 电压,持续 15 min,不应击穿。

32 辐射、毒性和类似危险

32.102 器具不应发射危害量级的紫外线辐射。

通过下述试验,检查其符合性:

器具以额定电压供电并正常运行。在距器具 300 mm 的位置测量辐照度,测量仪器放在可记录最大辐射量的位置。如果器具有观察窗,测量距离应减少为 0 mm。

测量仪器应测量直径不超过 20 mm 的圆形区域内的平均辐照度。仪器的响应应与入射辐射和圆形区域法线的夹角余弦值成比例。应用适当的分光辐射测量系统以不超过 2.5 nm 的间隔测量分光辐照度。分光辐射测量仪的带宽应不超过 2.5 nm。

注 1:光谱能量在较小带宽区域内出现迅速变化时,需要更大的测量精度。此时建议带宽为 1 nm。

当 UV-C 发射器的辐射达到稳定状态后,测量辐照度。波长为 200 nm～280 nm 的器具总辐照度不应超过 0.003 W/m²,分光辐照度不应超过 10^{-5} Wm⁻²nm⁻¹。

注 2:总辐照度按照公式(1)计算:

$$I = \sum_{200\,nm}^{280\,nm} E_\lambda \Delta\lambda \qquad \cdots\cdots\cdots\cdots\cdots\cdots (1)$$

式中:

I ——总辐照度,单位为瓦特每平方米(Wm^{-2});

E_λ ——分光辐照度,单位为瓦特每平方米纳米($Wm^{-2}nm^{-1}$);

$\Delta\lambda$ ——波长间隔,单位为纳米(nm)。

波长为 250 nm～400 nm 的器具总辐照度不应超过 1 mW/m²。

注 3:总辐照度按照公式(2)计算:

$$E = \sum_{250\,nm}^{400\,nm} S_\lambda E_\lambda \Delta\lambda \qquad \cdots\cdots\cdots\cdots\cdots\cdots (2)$$

式中:

E ——总有效辐照度,单位为瓦特每平方米(Wm^{-2});

E_λ ——光谱辐照度,单位为瓦每平方米纳米($Wm^{-2}nm^{-1}$);

S_λ ——表 1 规定的权重系数;

$\Delta\lambda$ ——波长间隔,单位为纳米(nm)。

表 1　不同波长的权重系数

波长 nm	权重系数 S_λ	波长 nm	权重系数 S_λ	波长 nm	权重系数 S_λ
250	0.430	308	0.026	335	0.000 34
254	0.500	310	0.015	340	0.000 28
255	0.520	313	0.006	345	0.000 24
260	0.650	315	0.003	350	0.000 20
265	0.810	316	0.002 4	355	0.000 16
270	1.000	317	0.002 0	360	0.000 13
275	0.960	318	0.001 6	365	0.000 11
280	0.880	319	0.001 2	370	0.000 093
285	0.770	320	0.001 0	375	0.000 077
290	0.640	322	0.000 67	380	0.000 064
295	0.540	323	0.000 54	385	0.000 053
297	0.460	325	0.000 50	390	0.000 044
300	0.300	328	0.000 44	395	0.000 036
303	0.120	330	0.000 41	400	0.000 030
305	0.060	333	0.000 37		

注：中间值的波长权重系数由插值法确定。

6.5　待机功率

连接净化器与电参数测试仪表,接通电源,仪表进入测量状态,净化器在待机状态下稳定至少10 min 后,开始读取测量值。

在超过 30 min 的时间,测量的功率变化小于 1%,可以直接读取测量值作为待机功率。

如果在此期间内功率变化不小于 1%,则连续测量延至 60 min,用耗电量除以测试时间来计算平均功率,即为待机功率。

▶ **理解要点：**

(1) 待机功率测试方法参考了 IEC 62301 家用电器待机功率测试方法中的相关内容。

(2) IEC 62301 中建议将采集数据的间隔设定在 0.25 s 以下,以便捕捉到功率变化的真实情况。

(3) 针对不同器具的特性,待机功率测试方法可分为直读法和平均值法。

(4) 直读法是针对功率或待机模式固定的器具,试验条件是:在大于 30 min 的时间内,测量功率的变化小于 1%,此时,可以通过仪表直接读取。

(5) 平均值法是针对功率或模式设置本身就不固定的器具,试验条件是:在大于 30 min 的时间内,测量功率的变化大于 1%,此时,应将测量时间延至 60 min,用耗电量除以测试时间来计算平均功率,作为待机功率。

6.6 洁净空气量

6.6.1 针对颗粒物的洁净空气量的试验方法见附录 B。

6.6.2 针对气态污染物的洁净能力（洁净空气量）的试验方法见附录 C。

▷ **理解要点：**

洁净空气量测试方法解析详见本指南的第三部分。

6.7 累积净化量

6.7.1 针对颗粒物的累积净化量的试验方法见附录 D。

6.7.2 针对气态污染物的累积净化量的试验方法参见附录 E。

▷ **理解要点：**

累积净化量测试方法解析详见本指南的第三部分。

6.8 净化能效

6.8.1 输入功率测量

连接净化器与电参数测试仪表，接通电源，仪表进入测量状态；净化器在额定状态下稳定运行至少 30 min 后，开始读取测量值。

在超过 30 min 的时间，测量的功率变化小于 1%，可以直接读取测量值作为额定功率。

如果在此期间内功率变化不小于 1%，则连续测量延至 60 min，用耗电量除以测试时间来计算平均功率，即为输入功率。

6.8.2 净化能效计算

净化器的净化能效按式(1)计算：

$$\eta = \frac{Q}{P} \qquad\qquad \cdots\cdots\cdots\cdots\cdots(1)$$

式中：

η——净化能效，单位为立方米每瓦特小时 $[m^3/(W \cdot h)]$；

Q——洁净空气量试验值，单位为立方米每小时 (m^3/h)；

P——输入功率实测值，单位为瓦特（W）。

注：净化器若具有可分离的其他功能，则净化能效计算时的输入功率 P，只考虑实现净化功能所消耗的功率值。

▷ **理解要点：**

（1）净化能效通过额定状态下，输入功率除以洁净空气量计算得出的。

（2）器具净化不同的污染物，净化能效也不同。

（3）同"待机功率"测试方法类似，"输入功率"测试方法也分为直读法和平均值法。

（4）直读法是针对功率或额定状态下运行模式固定的器具，判定条件是：在大于 30 min 的时间内，测量功率的变化小于 1%，此时，可以通过仪表直接读取。

（5）平均值法是针对功率或额定状态下运行模式设置不固定的器具，判定条件是：在大于 30 min 的时间内，测量功率的变化大于 1%，此时，应将测量时间延至 60 min，用耗电量除以测试时间来计算平均功率，作为待机功率。

6.9 噪声

净化器在额定状态下运行,按照 GB/T 4214.1—2000 的相关要求进行试验,并增加以下内容:

——GB/T 4214.1—2000 中 6.5.4 增加:壁挂式器具,包括其附件,应安放在固定架上。安装时器具距离地面 0.6 m,净化器的背面和垂直壁面之间的距离为 $D=(1\pm0.5)$cm;

——GB/T 4214.1—2000 中 7.1.1 增加:对于基准体任一边长大于 0.7 m、自由放置的落地式器具,包括嵌入式器具,测量表面是带有 9 个测点的矩形六面体。

▷ **理解要点:**

器具在额定状态、规定的试验条件下运行,其声学环境、试验条件、测量仪器等应符合GB/T 4214.1 的相关要求。并依据 GB/T 4214.1 中的相关要求计算器具的声功率值。

对于靠墙放置的器具:

- 壁挂式器具测量表面为矩形六面体,带有六个测点,安装时器具距离地面 0.6 m,器具的背面和垂直壁面之间的距离为 $d=1$ cm±0.5 cm;

- 非壁挂式器具,测量表面为表面为矩形六面体,带有六个测点,安装时器具的背面和垂直壁面之间的距离为 $d=10$ cm±1 cm,测量示意图见图 2-6。

对于非靠墙放置的器具:

- 对于基准体的每一边长不超过 0.7 m,测量表面为半球面,带有十个测点,测量示意图见图 2-7;

- 如基准体的任一边长超过 0.7 m,测量表面是矩形六面体,带有九个测点测量示意图见图 2-8。

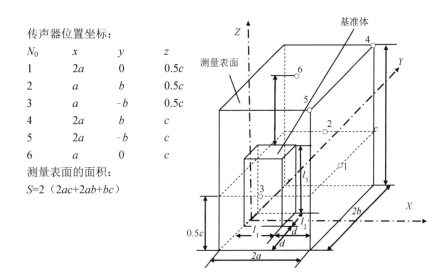

图 2-6 靠墙放置落地式器具的矩形六面体测量表面上的测点位置

传声器位置坐标：

N_0	x/R	y/R	z/R
1	-0.99	0	0.15
2	0.50	-0.86	0.15
3	0.50	0.86	0.15
4	-0.45	0.77	0.45
5	0.45	-0.77	0.45
6	0.89	0	0.45
7	0.33	0.57	0.75
8	-0.66	0	0.75
9	0.33	-0.57	0.75
10	0	0	1.0

测量表面的面积：

$S=2\pi R^2$

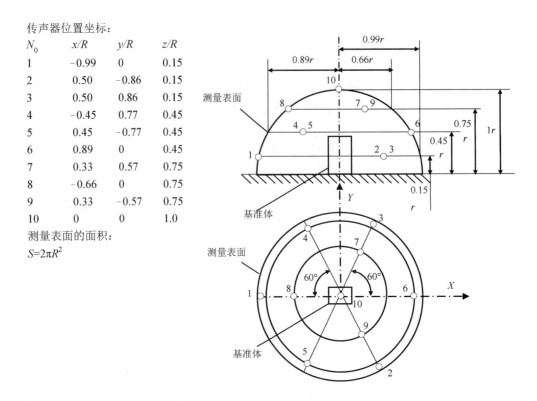

图 2-7　手持式、台式、落地式器具的半球面测量表面上的测点位置

传声器位置坐标：

N_0	x	y	z
1	a	0	$0.5c$
2	0	b	$0.5c$
3	$-a$	0	$0.5c$
4	0	$-b$	$0.5c$
5	a	b	c
6	$-a$	b	c
7	$-a$	$-b$	c
8	a	$-b$	c
9	0	0	c

测量表面的面积：

$S=2（2ac+2ab+2bc）$

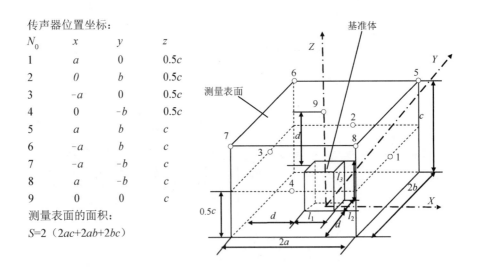

图 2-8　自由搁置落地式器具的矩形六面体测量表面上的测点位置

举例：

对于图 2-9 所示的空气净化器，每一边的边长均不超过 0.7 m，因此采用十点半球法测量，测点布置如图 2-9 所示。分别在"风速 H""风速 L"档下测量了器具的声压级噪声值，并计算出了声功率级。如图 2-10 和图 2-11 所示。

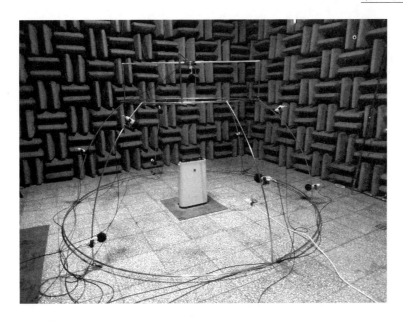

图 2-9　十点半球法实测图

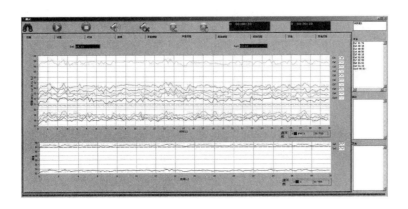

图 2-10　"风速 H"对应的噪声值

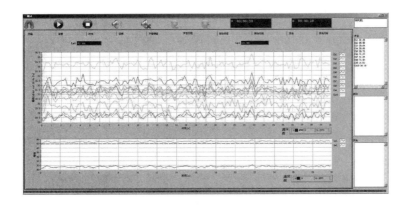

图 2-11　"风速 L"对应的噪声值

6.10　微生物去除

净化器对微生物的去除性能按照 GB 21551.3—2010 中规定的方法进行。

▶ **理解要点：**

微生物去除试验方法参见本指南的第六部分。

6.11 风道式净化装置的净化性能试验

安装在风道里的风道式净化装置的净化能力试验参见附录 H。

▶ **理解要点：**

风道式净化装置的净化性能试验方法解析见本指南的第三部分附录 H。

四、应用对象说明

1. 检测机构

为了保证检测数据的一致性、科学性，检测机构应认真执行该章的相关要求，对试验设备定期维护和校准；应严格按照试验步骤进行操作，当发现试验数据有明显误差时，应对试验舱、试验设备、操作流程、原始数据等进行检查，及时排除试验过程中存在的过失误差。

2. 生产商/制造商

应熟悉产品的性能试验方法，以便于掌握自身产品质量。

第7章 检验规则

一、设置目的

本章是针对确保净化器产品品质的一致性，产品质量的可控性设置的章节。

本章设置的目的在于明确空气净化器作为产品正式出厂应具备哪些形式的检验，以及不同形式的检验应具备的检验规则和检验项目。

二、差异说明

（1）将检验规则列表中内容作了调整完善（原 9 项扩至 11 项），去除了"试运转"和"外观"，增加了"有害物质释放""待机功率""累积净化量"和"微生物去除"。

（2）将各项目的不合格分类等级做了调整。

（3）重新明确了出厂检验证的"必检项目"和"抽查项目"，以及产品型式检验的内容。

（4）具体差异列表见表 2-9。

表 2-9　差异列表

序号	GB/T 18801—2008	GB/T 18801—2015	差异说明
1	无	出厂检验的必检项目为：标志、电气强度、接地电阻	增加了出厂检验的必检项目
2	出厂检验的抽检项目为：电气强度、泄漏电流、接地电阻、标志、包装、外观、试运转	出厂检验的抽检项目为：待机功率、洁净空气量、净化能效、噪声	重新规定了抽检项目范围
3	型式检验项目共 9 项：安全项目、标志、包装、外观、试运转、洁净空气量、净化寿命、噪声、净化能效	型式检验项目共 11 项：标志、电气强度、接地电阻、有害物质释放量、待机功率、洁净空气量、累积净化量、净化能效、噪声、微生物去除、包装	将"安全项目"细化，删除了对外观、试运转的要求，增加了累积净化量、微生物去除

三、条款解读

7.1 检验分类

净化器的检验分为出厂检验和型式检验。

▷ **理解要点：**

（1）明确净化器作为产品检验的主要形式，有出厂检验和型式检验两大类。

（2）这是两类不同性质的产品检测。

7.2 出厂检验

7.2.1 出厂检验的必检项目

凡正式提出交货的净化器，均应进行出厂检验。

出厂检验的项目见表 4 序号 1～3。

▷ **理解要点：**

（1）明确规定净化器作为产品"正式提出交货"时，必须进行"出厂检验"。

（2）作为正式产品进行"出厂检验"时，其"必检项目"涉及的内容：标志、电气强度和接地电阻（标准中表 4 所列，1～3 条）。

（3）出厂检验时的必检项目，其原始记录应留档保存。

7.2.2 出厂检验的抽查项目

净化器出厂时的抽样检验按 GB/T 2828.1 进行。检验批量、抽样方案、检查水平及合格质量水平，由生产厂和订货方共同商定。

抽样检验的项目见表 4 序号 5～6、8～9。

表 4

序号	检验项目	不合格分类	要　求	试验方法
1	标志	A	8.1	视检
2	电气强度	A	GB 4706.45—2008 第 16 章	GB 4706.45—2008 第 16 章
3	接地电阻	A	GB 4706.45—2008 第 27 章	GB 4706.45—2008 第 27 章
4	有害物质释放量	A	5.1	6.4
5	待机功率	B	5.2	6.5
6	洁净空气量	A	5.3	6.6
7	累积净化量	B	5.4	6.7
8	净化能效	B	5.5	6.8
9	噪声	A	5.6	6.9
10	微生物去除（如果净化器宣称具备该功能）	B	5.7	6.10
11	包装	C	8.3	视检

◈ **理解要点：**

（1）规定了净化器在进行出厂"抽检项目"检测时，依据的抽样标准 GB/T 2828.1。

（2）同时规定了"检验批量、抽样方案、检查水平及合格质量水平"确定依据和判定依据。

（3）明确净化器作为产品交货时的具体抽检项目：即在出厂必检项目的基础上再增加：待机功率、洁净空气量、净化能效和噪声。

（4）出厂检验时的"抽检项目"，其原始记录应留档保存。

7.3 型式检验

7.3.1 净化器在下列情况之一时，应进行型式检验：

  a) 经鉴定定型后制造的第 1 批产品或转厂生产的老产品；

  b) 正式生产后，当结构、工艺和材料有较大改变可能影响产品性能时；

  c) 产品停产一年后再次生产时；

  d) 国家质量监督机构提出进行型式检验要求时。

7.3.2 型式检验应包括本标准和 GB 4706.45—2008 中规定的所有检验项目，包含表 4 中的全部项目。

7.3.3 型式检验抽样应按 GB/T 2829 进行，检验用的样本应从出厂检验合格批中抽取 2 台，累积净化量试验另抽 1 台，共计 3 台。按每百台单位产品不合格品数计算，采用判别水平 I 的一次抽样方案。不合格分类、不合格质量水平判定和判定数组见表 5。

表 5

不合格分类		A	B	C
不合格质量水平		30	65	100
判定数组	Ac	0	1	2
	Re	1	2	3

◈ **理解要点：**

（1）型式试验是对净化器产品最全面、最完整的试验、检测及评价，试验与检测内容应包括产品涉及的安全和性能指标的所有内容（标准中表 4 的所有内容）；

（2）对净化器产品进行型式试验的各种具体情况，做了明确规定，尤其是净化器产品定型时必需进行的试验；

（3）对净化器产品进行型式试验的抽样依据、抽样数量各产品判定水平作了规定。

7.4 检验样品处理

经出厂检验合格后，器具方可作为合格产品交付订货方；经型式检验的样品一律不能作为合格产品交付订货方。

◈ **理解要点：**

检验样品应严格按照该条款进行处理。

四、应用对象说明

1. 生产商/制造商

在理解与实施上，本章对净化器生产整机厂的要求，十分必要；在净化器产品规范化生产的过程中，希望净化器的生产厂、制造商严格按照本章涉及的"检验规则"执行，控制产品质量及品质一致性。

2. 检测机构

应熟悉掌握检验规则。

第8章　标志、使用说明、包装、运输及贮存

一、设置目的

本章是为了净化器产品在进入正常的流通及消费市场应满足及注意的条件而设置的章节。

本章设置的目的在于，明确进入消费市场的净化器产品，其标志、包装要求、使用说明形式、运输及贮存条件等应满足的要求或应具备的基本形式和内容，目的在于正确地传达产品的各项信息。

二、差异说明

（1）本章内容增加了对产品使用说明的要求。

（2）在对产品"标注"的要求中，明确了"通用性标志"和"性能特征标志"两部分内容，并分别对这两部分内容进行了细化。

（3）对于净化器产品，在"使用说明"中应标注的内容进行了说明。

（4）具体差异列表见表 2-10。

表 2-10　差异列表

序号	GB/T 18801—2008	GB/T 18801—2015	差异说明
1	8.1　每台空气净化器应在明显位置固定标牌，标牌按 GB/T 13306 和 GB 4706.45 的相关规定，并标有下列内容： a）　制造商或责任承销商的名称、商标或标志； b）　产品型号及名称； c）　主要技术参数： 额定电压、额定频率、额定输入功率、可去除的每一种污染物及相对应洁净空气量、净化效能（或总净化效能）等级； d）　制造日期和/或产品编号	8.1　标志 **8.1.1　通用性标志** 净化器的通用性标志应符合 GB 4706.1、GB 4706.45—2008 和 GB 5296.2—2008 中 5.1 的要求，此外，还应在产品上标注产品维护及滤材更换/清洗的文字提示。 **8.1.2　性能特征标志** 性能特征标志作为器具的使用说明，应符合 GB 5296.2—2008 的要求，同时，应包含下述内容： ——洁净空气量（CADR_{目标污染物}）； ——颗粒物的累积净化量（CCM_{颗粒物}）； ——气态污染物的累积净化量（CCM_{气态污染物}）（选标）； ——净化能效； ——噪声； ——适用面积（选标）。 注1：洁净空气量、累积净化量和净化能效，应注明对应的目标污染物。 注2：对于 CCM_{颗粒物} 的标注，应同时说明，是在试验室条件下，以特定的烟尘颗粒物为目标污染物测试得出的，并以附录 D 规定的评价区间标注。 注3：对于 CCM_{气态污染物} 的标注，应同时说明，是在试验室条件下，以单一的气态污染物为目标污染物测试得出的，并以附录 E 规定的评价区间标注。	将标志分为"通用性标志"和"性能特征标志"，对标注内容和标注型式都作出新的规定

表 2-10（续）

序号	GB/T 18801—2008	GB/T 18801—2015	差异说明
2	8.4 产品使用说明书应内容详尽，符合 GB 4706.45 和 GB 5296.2 的规定	8.2 使用说明 净化器使用说明应符合 GB 5296.2—2008 的要求，至少应包括： a) 净化器名称、型号； b) 净化器概述（特点、主要使用性能指标）； c) 安装和使用要求，维护和保养注意事项； d) 净化器附件名称； e) 常见故障及处理办法一览表，售后服务事项； f) 制造厂名和地址； g) 净化器或净化器使用说明书上还应具有以下注意事项及内容： ——安全注意事项； ——具体净化原理； ——放置场所的注意事项； ——使用时的注意事项； ——过滤网更换、清洗时的注意事项； ——其他注意事项。 注 1："使用时的注意事项"包括，净化器使用过程中可能产生的负面影响等。 注 2："过滤网更换、清洗时的注意事项"是指，净化器针对不同目标污染物，按照附录 D、附录 E 规定的试验得出的测试结果，对照计算出的滤材需更换或清洁时对应的净化寿命计算参考示例（参见附录 G）进行标注。净化寿命可用（天）表示。	对产品使用说明书应涉及的内容做出了细化，提出了新的要求
	8.2 空气净化器应按 GB 191 和 GB 1019 的有关规定进行包装 8.3 包装箱内应附有合格证、装箱单和产品使用说明书	8.3 包装 净化器的包装应符合 GB/T 191 和 GB/T 1019 的有关规定。 净化器应附有合格证、（装箱单）和产品使用说明书	无原则变化
	8.5 产品在运输过程中禁止碰撞、挤压、抛扔和强烈的振动以及雨淋、受潮和曝晒。 8.6 空气净化器应贮存于干燥、通风、无腐蚀性及爆炸性气体的库房内，并防止产品磕碰	8.4 运输及贮存 净化器在运输过程中禁止碰撞、挤压、抛扔和强烈的振动以及雨淋、受潮和曝晒。 净化器应贮存于干燥、通风、无腐蚀性及爆炸性气体的库房内，并防止磕碰	无原则变化

三、条款解读

8 标志、使用说明、包装、运输及贮存

8.1 标志

8.1.1 通用性标志

净化器的通用性标志应符合 GB 4706.1、GB 4706.45—2008 和 GB 5296.2—2008 中 5.1 的要求,此外,还应在产品上标注产品维护及滤材更换/清洗的文字提示。

8.1.2 性能特征标志

性能特征标志作为器具的使用说明,应符合 GB 5296.2—2008 的要求,同时,应包含下述内容:
——洁净空气量(CADR$_{目标污染物}$);
——颗粒物的累积净化量(CCM$_{颗粒物}$);
——气态污染物的累积净化量(CCM$_{气态污染物}$)(选标);
——净化能效;
——噪声;
——适用面积(选标)。
注 1:洁净空气量、累积净化量和净化能效,应注明对应的目标污染物。
注 2:对于 CCM$_{颗粒物}$ 的标注,应同时说明,是在试验室条件下,以特定的烟尘颗粒物为目标污染物测试得出的,并以附录 D 规定的评价区间标注。
注 3:对于 CCM$_{气态污染物}$ 的标注,应同时说明,是在试验室条件下,以单一的气态污染物为目标污染物测试得出的,并以附录 E 规定的评价区间标注。

▷ 理解要点:

(1)本次修订在"标志"一节明确了作为电器产品的空气净化器,其基本参数标志应分为两部分:即"通用性标志"和"性能特征标志"。

(2)"通用性标志"以电器的各项基本电参数、使用安全警示符为主,执行标准为:GB 4706.1、GB 4706.45—2008 和 GB 5296.2—2008 的相关条款。

(3)"性能特征标志"表征着净化器产品的净化性能指标,其中,洁净空气量(CADR)为核心指标。需要注意的是,产品对不同目标污染物(颗粒物、气态污染物)其 CADR 应分别标注。性能特征标志作为产品的使用说明,可以标注在铭牌上,也可以标注在使用说明书中。

(4)如果经过了专业测试,其对应不同目标污染物"累积净化量"CCM 标注出。

(5)"洁净空气量"(CADR)和"累积净化量"(CCM)是评价空气净化器的 核心指标,"适用面积"和"使用寿命"是导出指标,"噪声"和"净化能效"是管理指标。

(6)鉴于"适用面积"是经过推算出来的一个范围值,因此,标注上建议如下表示:"根据 GB/T 18801—2015《空气净化器》相关条款,适用面积=(0.07~0.12)CADR,即每平方米适配 8~14 个 CADR"。

(7)在标注目标污染物对应的 CADR 值以及累积净化量 CCM 值(或区间时)时,应在使用说明中分别标注 CCM$_{颗粒物}$ 或 CCM$_{气态污染物}$ 测试的条件,即该条的注 2 和注 3。

(8)产品上应有"产品维护及滤材更换/清洗的文字提示",且应直观醒目,以便消费者悉知滤材是需要更换的。

(9)产品标注示例说明见本章的"四、应用对象说明"。

8.2　使用说明

净化器使用说明应符合 GB 5296.2—2008 的要求,至少应包括:

a)　净化器名称、型号;

b)　净化器概述(特点、主要使用性能指标);

c)　安装和使用要求,维护和保养注意事项;

d)　净化器附件名称;

e)　常见故障及处理办法一览表,售后服务事项;

f)　制造厂名和地址;

g)　净化器或净化器使用说明书上还应具有以下注意事项及内容:

——安全注意事项;

——具体净化原理;

——放置场所的注意事项;

——使用时的注意事项;

——过滤网更换、清洗时的注意事项;

——其他的注意事项。

注 1:"使用时的注意事项"包括,净化器使用过程中可能产生的负面影响等。

注 2:"过滤网更换、清洗时的注意事项"是指,净化器针对不同目标污染物,按照附录 D、附录 E 规定的试验得出的测试结果,对照计算出的滤材需更换或清洁时对应的净化寿命计算参考示例(参见附录 G)进行标注。净化寿命可用(天)表示。

▷▷ **理解要点:**

(1) 本节为修订后标准新增设的内容,目的是强调对于净化器产品来讲,使用说明的重要性,并明确,此章内容应符合 GB 5296.2—2008 的要求。

(2) 除了产品一般性说明外,还需有以下内容:

• 安全注意事项;

• 具体净化原理;

• 放置场所的注意事项;

• 使用时的注意事项;

• 过滤网更换、清洗时的注意事项;

• 其他的注意事项。

(3) 本节中"注 1"和"注 2"的内容,在"使用说明"中是不能忽略的。

8.3　包装

净化器的包装应符合 GB/T 191 和 GB/T 1019 的有关规定。

净化器应附有合格证、(装箱单)和产品使用说明书。

▷▷ **理解要点:**

(1) 本节内容同行上一版,无原则差异。

(2) 请注意使用参照标准的有效性。

8.4　运输及贮存

净化器在运输过程中禁止碰撞、挤压、抛扔和强烈的振动以及雨淋、受潮和暴晒。

净化器应贮存于干燥、通风、无腐蚀性及爆炸性气体的库房内,并防止磕碰。

▶ **理解要点**：

（1）本节内容同 2008 版无原则差异。

四、应用对象说明

生产商/制造商应严格执行该章内容，为消费者提供详实、易懂的使用说明和使用提示。值得注意的是，根据 8.1.1 的要求，产品上应标注产品维护及滤材更换/清洗的文字提示。此处通过举例的形式对本章的内容作出说明。

1. 性能特征标志标志

图 2-12(a)、(b)是空气净化器的性能特征标志示例图。

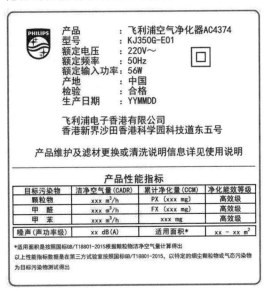

（a）

（b）

图 2-12　空气净化器性能特征标志

2. 净化器整机结构示意

空气净化器结构示意图见图 2-13(a)、(b)、(c)。

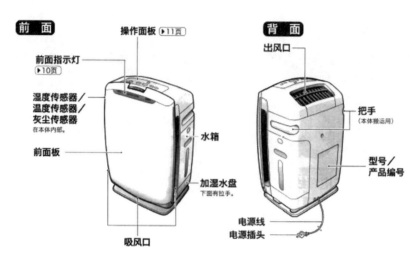

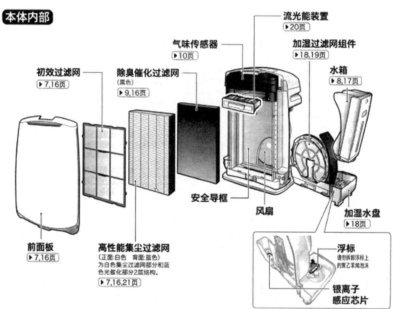

（a）结构一

图 2-13　空气净化器整机结构举例图

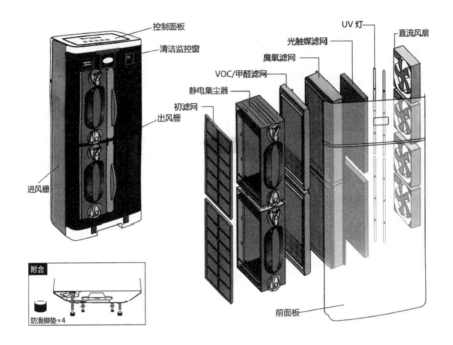

控制面板
清洁监控窗
出风栅
进风栅
附含
防滑脚垫×4

UV 灯
光触媒滤网
直流风扇
臭氧滤网
VOC/甲醛滤网
静电集尘器
初滤网
前面板

（b）结构二

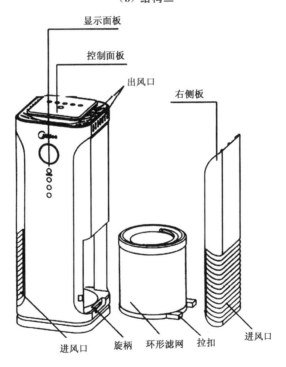

显示面板
控制面板
出风口
右侧板
进风口
旋柄
环形滤网
拉扣
进风口

（c）结构三

图 2-13（续）

3. 滤材更换示意

空气净化器滤材更换举例见图 2-14。

高性能集尘过滤网的安装

请务必从包装袋中取出高性能集尘过滤网并安装。

1 拆下前面板

● 按下突起部(左右2处),向上提起并拉出,拆下前面板。

前面板的突起部脱落时

● 请参考下图安装。

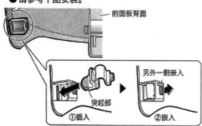

2 拆下初效过滤网

● 抓住位于中央的把手,将扣角(左右4处)从主机的孔内取出。

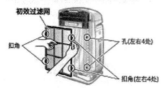

3 拆下高性能集尘过滤网,从包装袋中取出

① 底部向前拉,拆下过滤网。
② 从包装袋中取出高性能集尘过滤网。

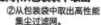

4 安装高性能集尘过滤网

● 确认已安装有除臭催化过滤网。
● 高性能集尘过滤网向上顶住并往里推,下方越过突起部插入。

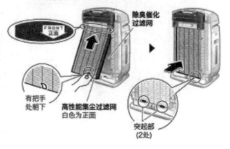

5 安装初效过滤网

● 初效过滤网边弯曲边将左右4处扣角插入到机器的四个孔内。(初效过滤网无上下区分。)

6 安装前面板

● 将面板上方的2处扣角扣在机器上方的凹槽内,同时合上面板。

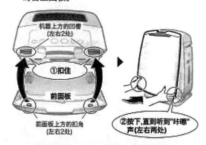

如果没有正确安装前面板,安全开关会启动,无法正常运转。

提示 请务必在安装有初效过滤网、高性能集尘过滤网和除臭催化过滤网的状态下进行运转。
如在未安装的状态下运转,则会引起故障。

图 2-14　滤材更换举例图

4. 使用注意事项

使用说明举例见图 2-15。

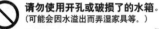

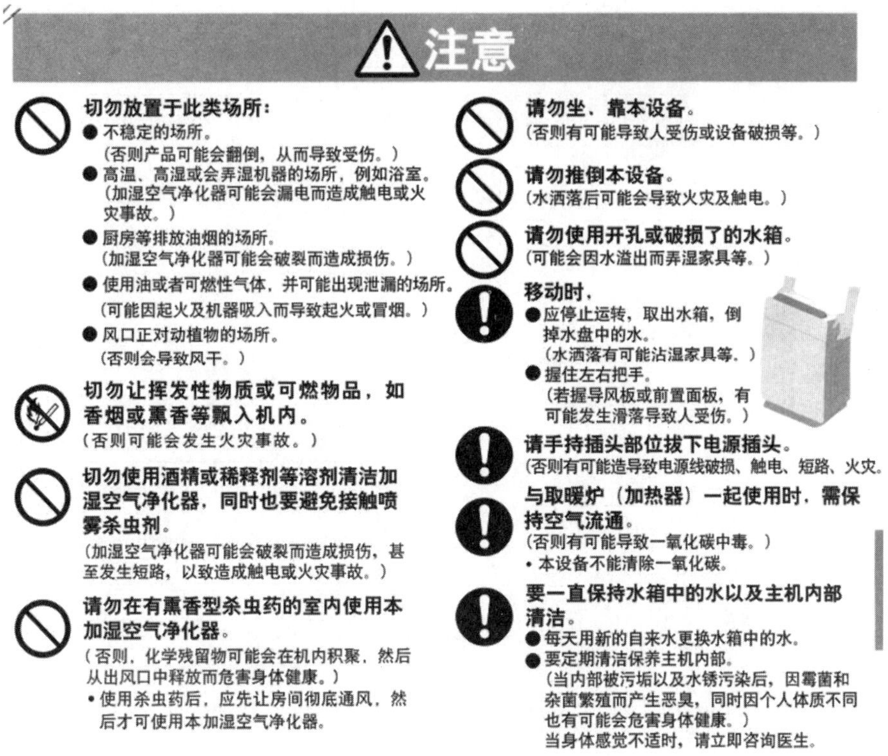

⚠ **注意**

🚫 **切勿放置于此类场所：**
- 不稳定的场所。
  （否则产品可能会翻倒，从而导致受伤。）
- 高温、高湿或会弄湿机器的场所，例如浴室。
  （加湿空气净化器可能会漏电而造成触电或火灾事故。）
- 厨房等排放油烟的场所。
  （加湿空气净化器可能会破裂而造成损伤。）
- 使用油或者可燃性气体，并可能出现泄漏的场所。
  （可能因起火及机器吸入而导致起火或冒烟。）
- 风口正对动植物的场所。
  （否则会导致风干。）

🚫 **切勿让挥发性物质或可燃物品，如香烟或熏香等飘入机内。**
（否则可能会发生火灾事故。）

🚫 **切勿使用酒精或稀释剂等溶剂清洁加湿空气净化器，同时也要避免接触喷雾杀虫剂。**
（加湿空气净化器可能会破裂而造成损伤，甚至发生短路，以致造成触电或火灾事故。）

🚫 **请勿在有熏香型杀虫药的室内使用本加湿空气净化器。**
（否则，化学残留物会在机内积聚，然后从风口中释放而危害身体健康。）
- 使用杀虫药后，应先让房间彻底通风，然后才可使用本加湿空气净化器。

🚫 **请勿坐、靠本设备。**
（否则有可能会导致人受伤或设备破损等。）

🚫 **请勿推倒本设备。**
（水洒落后可能会导致火灾及触电。）

🚫 **请勿使用开孔或破损了的水箱。**
（可能会因水溢出而弄湿家具等。）

❗ **移动时，**
- 应停止运转，取出水箱，倒掉水盘中的水。
  （水洒落有可能沾湿家具等。）
- 握住左右把手。
  （若握导风板或前置面板，有可能发生滑落导致人受伤。）

❗ **请手持插头部位拔下电源插头。**
（否则有可能导致电源线破损、触电、短路、火灾。）

❗ **与取暖炉（加热器）一起使用时，需保持空气流通。**
（否则有可能导致一氧化碳中毒。）
- 本设备不能清除一氧化碳。

❗ **要一直保持水箱中的水以及主机内部清洁。**
- 每天用新的自来水更换水箱中的水。
- 要定期清洁保养主机内部。
  （当内部被污垢以及水锈污染后，因霉菌和杂菌繁殖而产生恶臭，同时因个人体质不同也有可能会危害身体健康。）
  当身体感觉不适时，请立即咨询医生。

使用注意事项

1. 放置时保证机器平稳，禁止倾斜或放倒使用。

2. 机器移动时，请使用产品背面提手。

3. 如未安装滤材，请勿使用。

4. 产品的粗过滤网可清洗，HEPA 滤芯及高效催化活性炭芯请勿清洗。

5. 请勿堵塞进风口和出风口。

6. 请勿在油性分子漂浮的场所（比如厨房）使用。

7. 产品长时间使用时，如出风口处距墙壁很近，可能会弄脏墙壁，因此建议机器与墙壁保持 20 cm～30 cm 的距离。

图 2-15　使用说明举例

5．安全警示说明

安全警示说明举例见图 2-16。

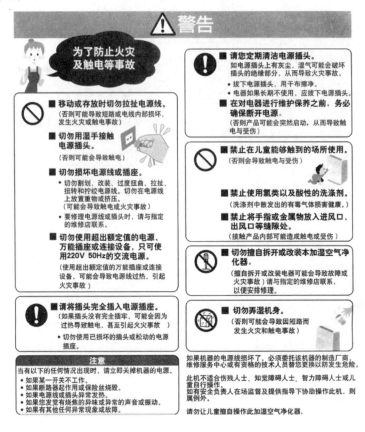

图 2-16　安全警示说明举例图

6．擦拭清洗说明

擦拭清洗举例说明见图 2-17。

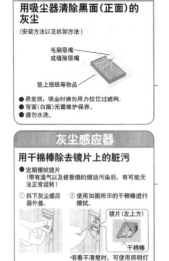

图 2-17　擦拭清洗举例说明图

第三部分

标准附录及参考文献解读

第9章　附录A（资料性附录）　试验舱

A.1　概述

本附录规定了净化器性能试验使用的标准试验舱的结构、设施制作和配置要求。

A.2　试验舱结构

试验舱结构参数见表 A.1。

表 A.1

项目	结构参数	
试验舱容积	30 m³	3 m³
试验舱内尺寸	3.5 m×3.4 m×2.5 m,允许±0.5 m³ 偏差	1.4 m×1.4 m×1.5 m,允许±0.1 m³ 偏差
框架	铝型材或不锈钢	
壁	用厚度为 5 mm 以上浮法平板玻璃或厚度为 0.8 mm 以上的不锈钢	
地板	用厚度为 0.8 mm 以上的不锈钢板	
顶板	不锈钢板或类似材料金属复合板	
密封材料	用硅橡胶条及玻璃密封胶	
搅拌风扇	直径约 1.0 m～1.5 m,三叶	直径 0.5 m～1.0 m,三叶
循环风扇	500 m³/h～700 m³/h,直径 20 cm,安装位置:离地 1.5 m,离后墙 0.4 m	无
气密性	换气次数不大于 0.05 h⁻¹	
混合度	大于 80%	

注 1：气密性测试方法为,二氧化碳(CO_2)作为示踪气体,测试方法同附录 C 气态污染物的自然衰减试验,初始浓度 2 g/m³～4 g/m³,计算衰减常数,即为换气次数。

注 2：混合度的测试方法：
——二氧化碳(CO_2)作为示踪气体,关闭试验舱舱门;
——试验舱需设置下送上回(或上送下回)的送风道和排风道,送风道中的送风量为 15 m³/h,排风管风量也为 15 m³/h;
——开启循环风扇,并将二氧化碳(CO_2)注入送风道,使得送风二氧化碳(CO_2)浓度稳定为某一固定值,推荐为 4 000 mg/m³;
——在排风口处连续监测二氧化碳(CO_2)浓度,混合度(σ_{mix})的计算见式(A.1):

$$\sigma_{mix} = \left[1 - \frac{\int_0^{t_n} |c_m(t) - c(t)| \, dt}{\int_0^{t_n} c(t) \, dt} \right] \times 100\% \quad\cdots\cdots\cdots\cdots\cdots\cdots (A.1)$$

式中：

σ_{mix} ——混合度；

t_n ——试验舱一次换气所需要的时间(即 60/N),为 120 min；

$c_m(t)$ ——排风口处监测到的二氧化碳(CO_2)气体浓度,单位为微克每立方米($\mu g/m^3$)；

$c(t)$ ——完全混合情况下排风口处二氧化碳(CO_2)气体浓度理论值$[c(t)=c_0(1-e^{-Nt})]$,单位为微克每立方米($\mu g/m^3$)；

c_0 ——送风中二氧化碳（CO_2）气体浓度，单位为微克每立方米（$\mu g/m^3$）；

N ——换气次数，为 $0.5\ h^{-1}$；

t ——时间，单位为分（min）。

A.3 试验舱示意图

A.3.1 30 m^3 试验舱示意图

30 m^3 试验舱示意图见图 A.1。

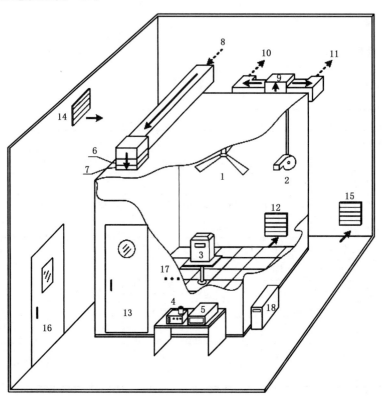

说明：

1——搅拌风扇；

2——循环风扇；

3——试验样机；

4——污染物检测装置；

5——污染物发生装置；

6——空气过滤器；

7——试验舱供气阀；

8——试验舱恒温恒湿空调送风（兼排风时送风）；

9——风道换向阀（用于转换 10 和 11 两种回风路径）；

10——试验舱恒温恒湿空调回风；

11——试验舱向室外排风（含空气过滤器）；

12——试验舱排风阀；

13——试验舱门；

14——外舱恒温空调进风口；

15——外舱恒温空调回风口；

16——外舱门；

17——试验舱采样口及送样口；

18——稳压电源。

图 A.1　30 m^3 试验舱示意图

▷ **理解要点：**

（1）舱体结构

试验舱内待测污染物的背景浓度是否会产生不稳定的变化，是评价试验舱建立的重要依据。如果材料选择不当，会使某些特定的化学污染物产生吸附-释放效应，致使测试的数据不稳定或失真。这是评价净化器净化能力首先要考虑的问题。

以空气净化器的实际应用的场合考虑，30 m^3 试验舱容积模拟了一般家用房间的大小。为了降低试验舱内壁面的吸附性以致影响到舱内背景浓度的变化,试验舱(内壁面)应采用诸如浮法平板玻璃或不锈钢等对化学污染物有明显吸附惰性的材质制作,见图 3-1(a)、(b)。

试验舱的地板和顶板除应满足上述条件外,还应考虑支撑强度,以及便于清洗/擦洗。

在试验舱内壁的搭接粘结时,即选用密封材料(密封胶)密封舱壁时,应采用高强度、低散发/挥发性的惰性强力密封胶,以避免试验时由于试验舱密封材料的挥发性对测试结果的影响。

搅拌风扇建议采用不锈钢材质或类似的低吸附性材质制作,同样基于这个道理。

关于 30 m³ 试验舱可评价测试的净化器净化能力,将在附录 B 中阐述。

建议在化学气态污染物测试前,采用国家标准物质,定期对试验舱进行标定。

(a)　30 m³ 玻璃试验舱

(b)　30 m³ 不锈钢试验舱

图 3-1　30 m³ 试验舱

（2）舱内设备

本次修订的标准在测试舱的结构方面新增加了循环风扇部分，并规定在洁净空气量测试过程中，保持循环风扇一直处于开启状态，这样是为了充分保证测试过程中污染物浓度水平在试验舱内分布的均匀性。

对于无风机的空气净化器，应当调整器具的摆放或循环风扇的设置，使得循环风扇的气流方向与器具的气流方向不对冲，建议可以通过调整器具的摆放位置和方向使两者气流方向夹角为锐角。

（3）环境控制

试验时的环境条件控制主要表现在以下三个方面：

① 温湿度。对试验环境的要求在本标准 6.1 中规定温度环境为（25±2）℃，相对湿度为（50±10）%，要达到这样的环境而不影响空气净化器性能的测试，建议在 30 m³ 的环境舱外部构建外舱，以充分保证并实现试验舱内部的温湿度的有效控制，同时还要对内舱环境进行实时监测。

② 泄漏率。常压下，试验舱的泄漏率应稳定保持在"换气次数不大于 0.05 h⁻¹"的基本条件，并应定期测量。测量可采用"示踪气体法"或其他相关的方法。

③ 混合度。该指标是本次修订时增加的，之所以对测试舱的性能方面增加了混合度测试的要求，并补充了混合度测试的方法，是为了保证试验条件的充分稳定，尤其是对于气态化学污染物。在送风量为 15 m³/h 的条件下进行测试，同时开启循环风扇，一次换气所需要的时间为 120 min，要求混合度大于 80%。

（4）寿命试验注意事项

在进行颗粒物"累积净化量"（CCM）的测试过程中，由于要重复连续点燃 50 支、100 支、150 支、200 支、250 支香烟，且过程连续，目的是为了试验某台净化器的实测"累积净化量"。因此，在试验结束后，试验舱内壁表面或舱里的相关附件可能附着一定的烟焦油，需要在试验后及时清洗。同时注意发生装置与测试舱体的连接处是否有焦油滴出，避免污染测试舱环境，影响下次试验。

（5）试验参数控制

试验舱内部建议设置温湿度传感器，并通过显示屏或 PC 显示数据做实时监控，并便于在舱外控制调节。

试验舱的采样口和进样口建议设置在舱体的两侧，以便操作；若设在一侧，建议在舱的内部采样和进样的位置隔开一段距离，避免由进样口送入的污染物没有均匀分布在试验舱内部就回流到了采集装置，影响试验的准确性。

（6）净化系统

试验舱的净化系统，可以考虑如结构图中在排风口和供气口都设置空气过滤器的形式，也可考虑设置循环风净化系统加排风系统的方式。后一种的方式可以使试验后的舱内空气首先经过多次循环净化后再排放，对环境的污染较小。

具体的操作步骤如下：测试试验结束后，首先打开循环风道的控制阀门，开启循环风机（保证排风通道的阀门处于关闭状态），舱内空气经过风道上的净化模块，通过多次循环后，舱内空气质量达到排放标准，之后关闭循环风道上的控制阀，开启排风管道的阀门及风机，排出舱内空气，这样排出的空气对环境造成的影响小，也保证了周围工作人员的安全性。具体工作流程如图 3-2 所示。

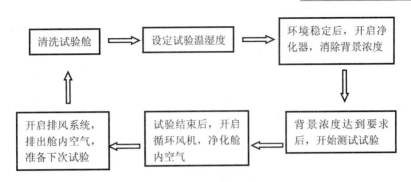

图 3-2 试验舱清洁流程

A.3.2 3 m³ 试验舱示意图

3 m³ 试验舱示意图见图 A.2。

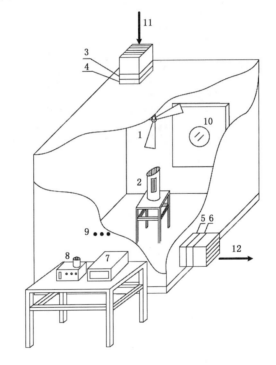

说明：
1——搅拌风扇；
2——试验样机；
3——空气过滤器（净化进风）；
4——供气阀；
5——排风阀；
6——空气过滤器（净化排风）；
7——污染物检测装置；
8——污染物发生装置；
9——采样口及送样口；
10——密闭门；
11——空调送风（兼排风时送风）；
12——空调回风（兼排风）。

注：3 m³ 试验舱外部应进行保温设计，可以采用设计外舱的形式，也可以采用设计保温层的形式等。

图 A.2 3 m³ 试验舱示意图

▶ 理解要点：

3 m³ 的试验舱由于结构紧凑，多为进行小型（如车载）净化器测试评价用，见图 3-3（a）、（b）。进风和排风处可不设置净化过滤装置，但从环保角度考虑建议采用净化循环后再排放，详见 30 m³ 试验舱的操作过程。

由于一般多在 3 m³ 试验舱进行净化器的老化试验,因此建议,在采用循环净化模块加排风系统的设置方式时,净化模块要合理设计并定期更换,保证净化效率。

标准中规定 3 m³ 的试验舱外部要加保温的设计,以确保试验环境的温度要求,保证测试结果及评价的准确性。

3 m³ 的试验舱同样需要定期清洗或清洁。

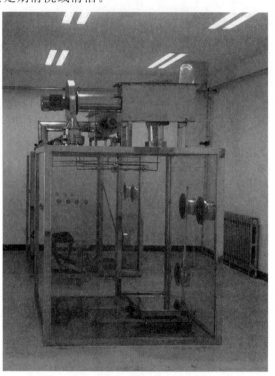

(a) 3 m³ 玻璃试验舱

(b) 3 m³ 不锈钢试验舱

图 3-3 3 m³ 试验舱

A.4 试验样机置放

A.4.1 30 m³ 试验舱

中心位置:地面型(地上),桌面型(700 mm 的台面上),壁挂型(下沿距地面1 800 mm),吸顶型(700 mm 的台面上)。

如无注明,按出风口高度分类:出风口小于700 mm 放台面上,出风口高度大于或等于700 mm 的放置在地面上。

注:净化功能是辅助功能的,如,空调器、除湿机、新风机等,整机检测,但是只需要启动其净化性能的相关部件,其他部件无需启动。

A.4.2 3 m³ 试验舱

出风口小于400 mm 的,应置于400 mm 高的台面上,出风口高度大于或等于400 mm 的,应放置在地面上。

▷ **理解要点:**

按照标准的规定,试验样机(被测净化器)应当放置在试验舱的中心位置。初始浓度稳定后,不可开启试验舱门。对于一些不能依靠遥控装置启动或控制的净化器样机,建议在试验舱内部设置可移动装置,以便将试验样机置放在合适的位置;建议在试验舱的某一壁面处设置操作口,通过操作口启动试验样机后,再通过外部控制移动装置移动样机,使其重新置于试验舱的中心位置。

对于出风口高度小于700 mm(在30 m³ 的试验舱内进行测试)和400 mm(在3 m³ 的试验舱内进行测试)的试验样机,测试时需将样机放置在台面上。测试台面同样应由玻璃或不锈钢等材质制作,以减少污染物的吸附和散发,保证净化器样机性能测试的数据准确性。

A.5 试验舱和设备的建议清洁方法

根据需要,每天或经常清洁光学仪器。

每天清洁所有水平表面。

使用5天后,用湿拖把拖地板。

使用20天后,需清洗仓内壁。

如果有必要,每使用5天后或经常喷洒抗静电剂,保证传感器接地良好和数据记录。

颗粒物、气态污染物、微生物检测不能连续进行,应先清洁试验舱,再进行下一种污染物检测,以防相互影响。

▷ **理解要点:**

试验舱内部水平表面比垂直表面更容易积聚颗粒物和气态污染物,因此建议每天清洁所有水平表面。

另外,每次在完成"累积净化量"试验后,尤其应注意进行试验舱内壁各表面的清洗,避免上次试验颗粒物和气态污染物的残留对下一次试验的影响。

应根据实际测试数据的拟合结果,随时决定是否对试验室的环境参数(温湿度、泄漏率等),以及试验仪器的准确度进行核定。根据试验频次也可自行规定合适的清洗周期。

第10章 附录B（规范性附录）
颗粒物的洁净空气量试验方法

一、条款解读

> **B.1 范围**
>
> 本附录规定了以香烟烟雾作为颗粒物污染物的洁净空气量的试验方法。
>
> 本附录适用于在规定的试验舱容积、初始浓度、检测仪器精度、试验时间等条件下，30 m³ 试验舱针对标称范围不小于 30 m³/h，不大于 800 m³/h 颗粒物洁净空气量的试验方法；3 m³ 试验舱针对标称范围为不小于 10 m³/h，小于 30 m³/h 颗粒物污染洁净空气量的试验方法。

▷ **理解要点：**

（1）本附录明确规定了对以特定的（试验用）香烟烟雾（包括发生装置）为代表的颗粒物净化试验及评价方法。

标准中提及的 30 m³ 试验舱是目前通行规格试验舱。由于这一规格的试验舱基本模拟普通家庭居室的空间，但容积相对有限；又由于被测污染物的初始浓度、污染物发生后的混合均匀情况、测量仪器的量程及精度等原因，对被测净化器的净化能力（CADR）范围有一个最合理的评价范围，因此，不可能测量所有的机器（尤其是针对大空间容积适用的净化器，和专门为小空间使用的，如车载型净化器）。

30 m³ 试验舱的适用范围来自美国 AHAM 的标准 AHAM AC-1—2013 *Method for Measuring Performance of Portable Household Electric RoomAir Cleaners* 的推算，其中规定香烟在 30 m³ 舱的测试范围是 10 cfm 到 450 cfm，换算过来大约为 17 m³/h 到 765 m³/h。这是依据净化器在一个特定的使用空间，开启工作后，室内污染物浓度的水平随时间呈指数函数下降的理想数学模型提出的。因此，净化器的净化能力与使用空间有着理想的适配关系。如果净化器的净化能力过强（即 CADR 过大），则会使该使用空间内的污染物浓度水平快速（甚至瞬间）下降，难以在试验中捕捉足够的浓度点，并依此作出准确的评价；同样，如果机器的净化能力过小（即 CADR 过小），则会使该使用空间内的污染物浓度水平随时间的变化趋于微弱，难以作出准确的评价。

（2）由于 CADR 计算过程中，试验舱体积与 CADR 是正比关系，根据 AHAM 的结论，可以粗略估算出 3 m³ 试验舱的适用范围，只要在 30 m³ 试验舱的基础上除以 10 即可，即为 1.7 m³/h～76.5 m³/h。

（3）考虑到本标准含有两个规格的试验舱，为了区分两个试验舱的范围，并减少一定的重复性，同时在试验数据上尽量取整，最终定为 30 m³ 舱对应 30 m³/h 到 800 m³/h，3 m³ 舱对应 10 m³/h 到 30 m³/h。之所以不考虑 10 m³/h 以下的 CADR 测试，原因是误差较大。

> **B.2 颗粒物污染物**
>
> 用香烟烟雾作为颗粒物污染物的尘源，以 0.3 μm 以上的颗粒物总数表示。

▷ **理解要点：**

（1）GB/T 18801 自 2002 年第一版开始，就是借鉴了 AHMA 的净化器标准，整个方法体系基本一致，AHAM 标准集中在颗粒物测试，并分了香烟、道路尘、花粉三大类。我国消费者比较关注香烟，因此制定 GB/T 18801 的时候仅选定了香烟这一种物质。

（2）另外相对于 AHAM 标准，我国还有一点不同，就是香烟的测试粒径范围调整到 0.3 μm 以上，而 AHAM 是 0.1 μm 到 1 μm。这个调整是考虑到过滤器行业测试过滤器的性能基本都是以 0.3 μm 为界,同时调高了粒径范围对于分析仪器的要求也相对下降,相应的采购仪器的成本降低。

颗粒物发生可采用图 B.1 所示的发生原理或其他等同效果的发生方式。

图 B.1 为正压法颗粒物发生装置。

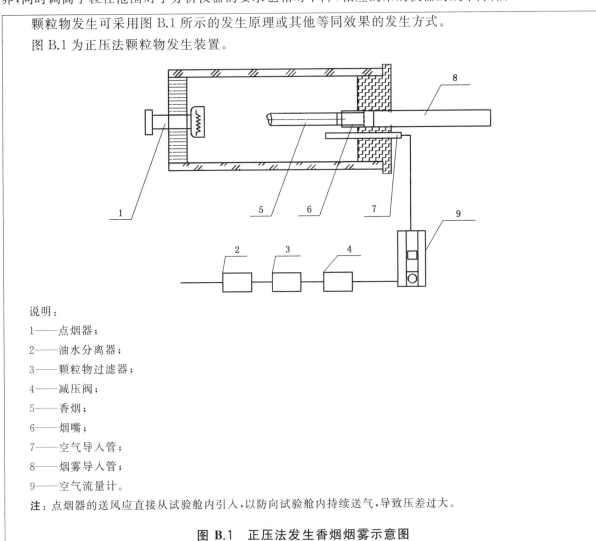

说明:
1——点烟器;
2——油水分离器;
3——颗粒物过滤器;
4——减压阀;
5——香烟;
6——烟嘴;
7——空气导入管;
8——烟雾导入管;
9——空气流量计。

注:点烟器的送风应直接从试验舱内引入,以防向试验舱内持续送气,导致压差过大。

图 B.1　正压法发生香烟烟雾示意图

▶ **理解要点:**

(1)"图 B.1"所示的是一种正压香烟烟雾发生器,是目前应用较广的一种点烟器,其通过气流把香烟烟雾鼓出,建议 40 s～50 s 内燃烧完毕。其实体图见图 3-4。

图 3-4　正压点烟器

（2）日本净化器标准 JEMA 1467 使用了一种负压点烟器,采用向外抽风的方式,见图 3-5 和图 3-6,其优点是结构简单,缺点是风机易被香烟焦油污染,需要经常清洗。

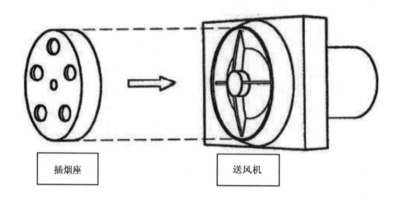

插烟座　　　　　　　　　　送风机

图 3-5　负压点烟器结构示意图

图 3-6　负压点烟器

（3）由于点烟器输送烟雾的过程中会向试验舱送风,而试验舱的密闭性较高,不断送风会导致舱内内外产生压差,因此,建议采用从试验舱内"引风"出来,然后再用这股气流将香烟烟雾送入舱内。

B.3　试运行

打开包装后试运行,确保净化器的各项功能正常、稳定后,进行试验。

▷　**理解要点:**

在试验前对试验样机的试运行,是所有试验程序开始前必须进行的工作。目的是确保净化器的各项功能正常且工作稳定后,方可进行试验,也是为了试验效果的真实可靠。

B.4　颗粒物的自然衰减试验

颗粒物自然衰减试验应按下述步骤进行：

a)　将待检验的净化器放置于附录 A 试验舱内（放置方法参见附录 A.4）。把净化器调节到试验的额定状态，检验运转正常，然后关闭净化器；

▷ **理解要点：**

（1）颗粒物的自然衰减试验和总衰减试验应连续进行，前者不开启净化器，后者开启净化器。因此，在自然衰减测试阶段，就应将被测净化器放置测试位置上。

（2）"额定状态"指净化器的实现最佳净化性能的档位，一般是指净化器洁净空气量（CADR）标称值的档位，或是洁净空气量（CADR）最大的档位。

（3）放置方法

30 m³ 试验舱中心位置：地面型（地上），桌面型（700 mm 的台面上），壁挂型（下沿距地面1 800 mm），吸顶型（700 mm 的台面上）。如无注明，按出风口高度分类：出风口高度小于 700 mm 放台面上；出风口高度大于或等于 700 mm 的放置在地面上。30 m³ 试验舱内净化器放置见图 3-7、图 3-8 和图 3-9。

图 3-7　30 m³ 试验舱便携式净化器放置图

图 3-8　30 m³ 试验舱立式净化器放置图

图 3-9　30 m³ 试验舱壁挂式净化器放置图

　　3 m³ 试验舱中心位置：出风口高度小于 400 mm 的，应置于 400 mm 高的台面上，出风口高度大于等于 400 mm 的，应放置在地面上。3 m³ 试验舱内净化器放置见图 3-10 和图 3-11。

图 3-10　3 m³ 试验舱车载净化器放置图

图 3-11　3 m³ 试验舱便携式净化器放置图

> b)　将采样点位置布置好,避开进出风口,离墙壁距离应大于 0.5 m,相对试验室地面高度 0.5 m
> 　　~1.5 m。每个采样点安置 1 个采样头,并与试验舱外采样器相连接;
>
> c)　确定试验的记录文件;

▶ **理解要点:**

(1)净化器在 30 m³ 舱中一般放置在 700 mm 高台测试平面上,在 3 m³ 试验舱中一般放在 400 mm高台测试平面上,采样点高度要酌情进行调整,一般取试验舱的高度的二分之一位置设置采样点,即 30 m³ 舱对应约 1.2 m,3 m³ 舱对应约 0.7 m。

(2)试验记录文件是后续计算的依据,试验室应严格按照各试验室规定记录并保存好原始数据。

> d)　开启高效空气过滤器,净化试验室内空气,使颗粒物粒径在 0.3 μm 以上的粒子背景浓度小于
> 　　1 000 个/L,同时启动温湿度控制装置,使室内温度和相对湿度达到规定状态;

▶ **理解要点:**

为确保试验时试验舱的本底环境符合试验要求,首先需要对试验室本身进行"净化"。

(1)温湿度:在整个试验过程中,试验舱要保持温度为(25±2)℃,相对湿度为(50±10)%,因此建议试验室安装温湿度传感器,随时监控温湿度变化,以保证其在要求的范围内。图 3-12 显示了 30 min 内,试验舱的温湿度变化情况。

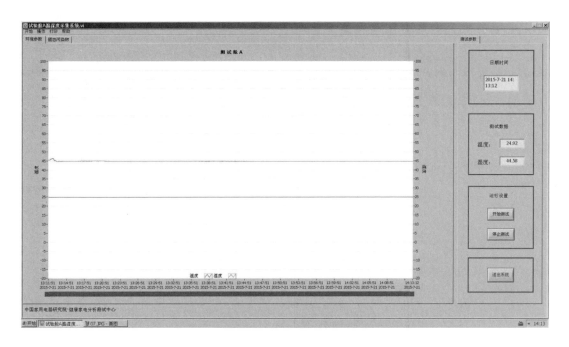

图 3-12　试验舱内温湿度实时显示图

(2)电源:除了温湿度要控制,试验舱的电源参数也要实时监控,保证电压和频率的波动范围不得超过额定值的±1%,如图 3-13 所示。

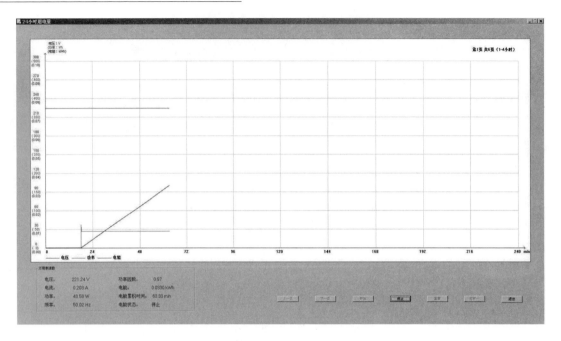

图 3-13　试验舱电参数记录曲线（30 min）

> e)　待颗粒物背景浓度降低到适合水平,记录颗粒物背景浓度,关闭高效空气过滤器和湿度控制
> 装置,启动搅拌风扇和循环风扇。将标准香烟放入香烟燃烧器内,香烟烟雾出口连接一根穿
> 过试验舱壁的管子,排出的烟雾可被卷入搅拌风扇搅拌所形成的空气涡流中去。达到一定的
> 量后,关闭烟雾输送管的阀门,搅拌风扇再搅拌 10 min,使颗粒物污染物混合均匀后关闭搅拌
> 风扇;试验过程中,循环风扇一直保持开启状态;

▶ **理解要点**:

(1)"搅拌风扇"是为了在测试开始前,搅匀通入试验舱的污染物。测试开始前就关掉。

(2)"循环风扇"是为了在测试过程中,保持一定的气流,保证污染物浓度的均匀,测试开始前和过程中都保持开启状态。对于没有风机的净化器在测试的时候,循环风扇的气流应该避开净化器的出风口。

(3)30 m³ 试验舱和 3 m³ 试验舱都有搅拌风扇。但是,30 m³ 试验舱有循环风扇,3 m³ 试验舱由于空间较小,没有设置循环风扇。

> f)　待搅拌风扇停止转动后,用激光尘埃粒子计数器测定颗粒物的初始浓度 c_0。试验开始时
> 0.3 μm 以上颗粒物的粒子浓度应为 $2×10^6$ 个/L～$2×10^7$ 个/L,计算时对应 $t=0$ min;

▶ **理解要点**:

(1)初始颗粒物浓度是一个范围,即 $2×10^6$ 个/L～$2×10^7$ 个/L,在实际操作中,建议将初始颗粒物浓度设定为 $1×10^7$ 个/L 左右。

(2)试验中的初始颗粒物浓度较高,目前市面上的粒子计数器很容易超量程,导致测试数据不准,因此试验过程需要配置稀释器。气溶胶稀释器可以将高浓度的气溶胶稀释至低浓度,并可以输出对输入气溶胶具有代表性的样品,可以与激光气溶胶粒径谱仪联用测量空气净化器对于颗粒物的净化效率,两种稀释倍数 100∶1 和 20∶1 可以方便更换,以满足不同的测试要求。

> g)　试验舱内的初始浓度(自然衰减的第一个取样点)测定后,每 2 min 测定并记录一次颗粒物的
> 浓度,第二个取样开始的时刻为 $t=0$ min,连续测定 20 min;

▶ **理解要点**:

(1)"第二个取样开始的时刻为 $t=0$ min",以采样 1 min,间隔 1 min 为例,采样方法见表 3-1、

72

表3-2和表3-3。另外,自然衰减的时间安排要与总衰减的测试时间保持一致。

表 3-1 颗粒物采样方案一

采样点序号	计算用时间点 t/min	采样时间范围/min	有效采样时间/min
1	0	−1～0	1
2	0.5	0～1	1
3	2.5	2～3	1
4	4.5	4～5	1
5	6.5	6～7	1
6	8.5	8～9	1
7	10.5	10～11	1
8	12.5	12～13	1
9	14.5	14～15	1
10	16.5	16～17	1
11	18.5	18～19	1

表 3-2 颗粒物采样方案二

采样点序号	计算用时间点 t/min	采样时间范围/min	有效采样时间/min
1	0	−1～0	1
2	1.5	1～2	1
3	3.5	3～4	1
4	5.5	5～6	1
5	7.5	7～8	1
6	9.5	9～10	1
7	11.5	11～12	1
8	13.5	13～14	1
9	15.5	15～16	1
10	17.5	17～18	1
11	19.5	19～20	1

表 3-3 颗粒物采样方案三

采样点序号	计算用时间点 t/min	采样时间范围/min	有效采样时间/min
1	0	−1～0	1
2	2	1.5～2.5	1
3	4	3.5～4.5	1
4	6	5.5～6.5	1
5	8	7.5～8.5	1
6	10	9.5～10.5	1
7	12	11.5～12.5	1
8	14	13.5～14.5	1
9	16	15.5～16.5	1
10	18	17.5～18.5	1

h) 记录试验时试验舱内的温度和相对湿度。

▶ **理解要点：**

试验结束后，再次确认试验舱内的环境参数，以确定试验数据是否符合要求。

B.5　颗粒物的总衰减试验

颗粒物总衰减试验应按下述步骤进行：

a)　按 B.4a)至 B.4f)的规定进行试验；

b)　试验舱内的初始浓度（总衰减的第一个取样点）测定后，开启待检验的净化器至额定状态，开启的时刻为 $t=0$ min，同时开始取样进行测定，每 2 min 测定并记录一次颗粒物的浓度，连续测定 20 min；初始浓度稳定后，应全程封闭试验舱进行测定；

▶ **理解要点：**

（1）颗粒物总衰减试验会涉及到净化器如何开启的问题，由于开启净化器之前，试验舱的污染物浓度已经稳定，为了保证舱内浓度的稳定性，净化器只能通过远程的方式开启，比如遥控器，延长控制线，滑动导轨，或者机械手等方式。严禁再次打开舱门来开启净化器。

（2）"开启的时刻为 $t=0$ min"是指净化器开启的瞬间即开始计时。这个起始时刻，也就是"0"时刻是整个试验数据采集的计时基础，必须严格遵守并保证准确。采样方案见表 3-1、表 3-2 和表 3-3。

---

c)　关闭净化器，记录试验时试验舱内的温度和相对湿度。

注 1：实测数值大于检测仪器的检测下限（50 个/L）的数据点作为有效数据点，最终用于计算的有效数据点应不少于 9 个。

注 2：如果有效数据点不足 9 个，可缩短测定时间间隔和试验总时间，自然衰减也相应做调整。

▶ **理解要点：**

（1）实测数值大于检测仪器的检测下限（即不少于 50 个/L）的数据点才算有效。

（2）"有效数据点不足 9 个"一般是指在不到 20 min 的时间，舱内的浓度测试数据很快就达到了仪器检测值的下限（50 个/L 左右），这一般发生在净化器的净化能力相对强的情况下，此时应酌情缩短时间，测试间隔可改为 1 min 一次，或 1.5 min 一次，以保证至少 9 个数据点。

（3）缩短测试总时间，会导致试验误差，此时虽然可以测出较大的 CADR（可能会超过附录 B 规定的最上限 800 m³/h），但是数据已经不精确，这种情况下，净化器的 CADR 只须标注"CADR＞800 m³/h"。

B.6　颗粒物的洁净空气量（CADR）计算方法

B.6.1　衰减常数的计算

污染物的浓度随时间的变化符合指数函数的变化趋势，用式（B.1）表示：

$$c_t = c_0 e^{-kt} \qquad\qquad\qquad\qquad\qquad\text{(B.1)}$$

式中：

c_t ——在时间 t 时的颗粒物浓度，单位为个每升（个/L）；

c_0 ——在 $t=0$ 时的初始颗粒物浓度，单位为个每升（个/L）；

k ——衰减常数，单位为每分（min^{-1}）；

t ——时间，单位为分（min）。

按照式（B.2）做 $\ln c_t$ 和 t 的线性回归，可求得衰减常数 k，

$$-k = \frac{(\sum\limits_{i=1}^{n} t_i \ln c_{t_i}) - \frac{1}{n}(\sum\limits_{i=1}^{n} t_i)(\sum\limits_{i=1}^{n} \ln c_{t_i})}{(\sum\limits_{i=1}^{n} t_i^2) - \frac{1}{n}(\sum\limits_{i=1}^{n} t_i)^2} \qquad (B.2)$$

式中：

k ——衰减常数，单位为每分（$\min^{-1}$）；

t_i ——第 i 个取样点对应的时间，单位为分（min）；

$\ln c_{t_i}$ ——第 i 个取样点对应的污染物浓度的自然对数；

n ——采样次数。

在自然衰减和总衰减试验中的取样数据，分别用式（B.1）和式（B.2）进行计算即可获得自然衰减常数 k_n 和总衰减常数 k_e。

注：可使用 EXCEL 等统计软件拟合出 k 值。

▶ **理解要点：**

（1）净化器 CADR 测试的数学基础是，在密闭试验舱内开启净化器后，污染物的浓度随着时间呈指数规律下降（或衰减），即浓度和时间的关系可以用标准中式（B.1）来表示。对标准中式（B.1）取对数，得到下式（3-1）：

$$\ln c_t = \ln c_0 - kt \qquad (3\text{-}1)$$

令 $x = t$，$y = \ln c_t$，$b = \ln c_0$，得到直线式（3-2）。

$$y = -kx + b \qquad (3\text{-}2)$$

根据实测数据，求解式（3-2）的 k 值，即为衰减系数。

B.6.2 相关系数的计算

相关系数 R 表示自变量与因变量之间的离散程度，说明线性回归的相关关系的显著程度，R^2 应当不小于 0.98。按式（B.3）计算：

$$R^2 = \frac{\left[\sum\limits_{i=1}^{n}\left(x_i - \frac{1}{n}\sum\limits_{i=1}^{n} x_i\right)\left(y_i - \frac{1}{n}\sum\limits_{i=1}^{n} y_i\right)\right]^2}{\sum\limits_{i=1}^{n}\left(x_i - \frac{1}{n}\sum\limits_{i=1}^{n} x_i\right)^2 \sum\limits_{i=1}^{n}\left(y_i - \frac{1}{n}\sum\limits_{i=1}^{n} y_i\right)^2} \qquad (B.3)$$

其中：

$$x_i = t_i \qquad (B.4)$$

$$y_i = \ln c_{t_i} \qquad (B.5)$$

式中：

R^2 ——相关系数的平方；

t_i ——第 i 个取样点对应的时间，$i = 1,2,3,\cdots n$，单位为分（min）；

$\ln c_{t_i}$ ——第 i 个取样点对应的污染物浓度的自然对数；

n ——采样次数。

注：可利用 EXCEL 等具有统计功能的软件直接对上述方程进行拟和，得到 R^2 值。

▶ **理解要点：**

（1）可直接用 EXCEL 的 SLOPE 函数对数据进行斜率拟合，得到斜率（衰减常数）；使用 CORREL 函数对 R^2 进行拟合。

（2）也可以用 EXCEL 做散点图，然后对散点图添加趋势线，获得斜率（衰减常数）及 R^2。

（3）相关系数的平方 R^2 反应了两个变量间的线性相关关系，其值越高说明拟合情况越好。

B.6.3 洁净空气量（CADR）的计算

依据式（B.6）计算颗粒物的洁净空气量：

$$Q = 60 \times (k_e - k_n) \times V \qquad\qquad\cdots\cdots\cdots\cdots\cdots\cdots（\text{B.6}）$$

式中：

Q ——洁净空气量，单位为立方米每小时（m³/h）；

k_e ——总衰减常数，单位为每分（min^{-1}）；

k_n ——自然衰减常数，单位为每分（min^{-1}）；

V ——试验舱容积，单位为立方米（m³）。

测试数据举例：

对一台空气净化器进行了颗粒物 CADR 试验，试验数据如表 3-4 所示。

表 3-4 颗粒物 CADR 实测数据（举例）

采样点序号 i	计算用时间点 t/ min	自然衰减 浓度 c/（个/L）	总衰减 浓度 c/（个/L）
1	0	2 103 196	2 094 374
2	2	2 087 828	1 093 838
3	4	2 076 851	541 046
4	6	2 070 265	285 640
5	8	2 061 483	144 565
6	10	2 050 506	73 314
7	12	2 041 725	39 534
8	14	2 035 139	20 226
9	16	2 026 357	9 442
10	18	2 015 380	4 777
衰减常数/min^{-1}		$k_n = 0.002\ 2$	$k_e = 0.336\ 5$
相关系数 R^2		0.994 4	0.999 7
V/ m³		30	
Q/（m³/h）		601.7	

用表 3-4 中的数据得出了颗粒污染物的自然衰减和总衰减随时间的变化规律，如图 3-14 所示。

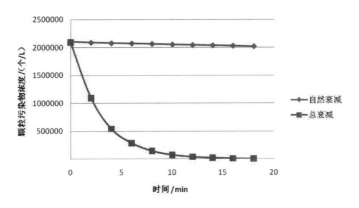

图 3-14　颗粒污染物的自然衰减和总衰减随时间的变化规律

对表 3-4 中的数据按照标准"B.6 颗粒物的洁净空气量（CADR）计算方法"中规定的方法进行线性拟合，得出了线性拟合关系，并计算出了自然衰减常数 $k_n=0.0022$、总衰减常数 $k_e=0.3365$ 和相关系数的平方 R^2，如图 3-15 所示。

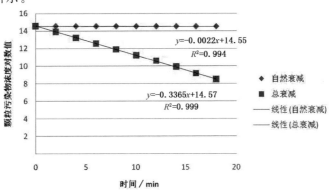

图 3-15　自然衰减和总衰减的线性拟合

最终计算出机器去除颗粒物的 CADR 值为 $Q=60\times(0.3365-0.0022)\times30=601.7~\mathrm{m^3/h}$。

二、试验流程

颗粒物 CADR 试验的基本流程见图 3-16。

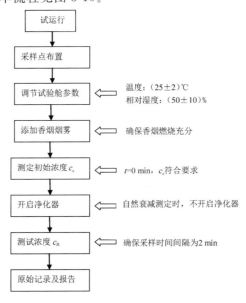

图 3-16　颗粒物 CADR 试验流程图

分为以下测试步骤：

1. 试运行

(1) 试验室收到净化器后，先拆开外包装，检查滤网是否有包装，滤网是否齐全。

(2) 接通电源，检查净化器运行是否正常(按说明书操作)。

2. 试验舱环境确认

将待测净化器按附录 A 中的放置要求放到试验舱中(30 m³ 或 3 m³)，将净化器调节到试验的额定状态，运转正常后关闭净化器。检查搅拌风扇、循环风扇、污染物发生装置、管道、阀门、插座、控制开关等是否正常。

3. 采样点布置

将采样点布好，避开进出风口，离试验舱内壁距离应大于 0.5 m，相对试验舱地面高度 0.5 m～1.5 m。

4. 调节试验舱参数

开启高效过滤器，净化试验室内空气，使颗粒物(粒径＞0.3 μm)背景浓度小于 1 000 个/L，同时启动温湿度控制装置使温度控制在(25±2)℃范围内，相对湿度控制在(50±10)%范围内。

5. 添加污染物

启动香烟发生器，打开搅拌风扇和循环风扇，将香烟烟雾导入到试验舱内。达到初始浓度要求后，关闭香烟发生器，搅拌风扇继续搅拌 10 min，关闭搅拌风扇。

6. 测定初始浓度 c_0

待搅拌风扇停止转动后，用粒子计数器测定颗粒物(粒径＞0.3 μm)初始浓度 c_0($t=0$ min)，范围在(2×10^6～2×10^7)个/L 之间。

7. 开启净化器

初始浓度测定后，开启净化器(最强档或者制造商宣称的最佳程序)，开始试验。

8. 总衰减测试

试验过程中每 2 min 采样一次，连续测试 20 min。

9. 试验舱排风(如净化器净化效果好，此步骤省略)

试验结束后，请打开试验舱排风口，建议至少排风半小时。

10. 整理、清洁试验舱

整理、清洁试验舱，将仪器放回原位。

11. 自然衰减

不开净化器，与净化器开启测试同样的条件下做空白对照，测试自然衰减。此步骤也可在总衰减测试之前进行。

12. 原始记录及报告

根据步骤 1～11 的结果，填写原始记录。按委托书的信息及原始记录，出具检测报告。

第 11 章　附录 C(规范性附录)
气态污染物的洁净空气量试验方法

一、条款解读

C.1　范围

本附录规定了净化器去除特定气态污染物(例如,甲醛、甲苯等)的试验方法。

本附录适用于规定的试验舱容积、初始浓度、检测仪器精度、试验时间等试验条件下,30 m³ 试验舱可测的气态污染物洁净空气量范围为不小于 20 m³/h,不大于 400 m³/h;3 m³ 试验舱可测的气态污染物洁净空气量范围小于 20 m³/h。

▷ **理解要点:**

(1) 30 m³ 试验舱对甲醛的测试范围上限 400 m³/h 的推导。由于测试条件的限制,下文的测试方法明确提到,测试时间最长为 60 min,并认为在此时间过程中,采样的浓度值低于 GB/T 18883 规定的浓度限值的点认为无效,那么,试验舱能测到的最大的 CADR 应该是测试时间最短,并且所有取样点的浓度要大于或等于 GB/T 18883 规定的浓度限值。

因此,考虑到采样时间问题,即便采用交叉采样,也需要一点的时间保证取样点为 6 个及以上,假设,单个点的采样时间为 5 min,采用交叉采样,最紧张采样安排如下,(0~5)min、(1~6)min、(2~7)min、(3~8)min、(4~9)min、(5~10)min 等,因此,在试验条件限制下,基本上试验舱最短测试时间是 10 min。

假设上述 10 min 内,最后一个点正好是 GB/T 18883 规定的浓度限值,那么,$t=0$ min 时,浓度为限值的 10 倍;$t=10$min 时,浓度为限值,以这两个理想点进行拟合,获得总衰减常数 $k_e=0.230\ 0$,假设自然衰减系数 $k_n=0$,那么得到的甲醛 CADR 是 414 m³/h。由于上述数据是理想状态得到,最终取整,30 m³ 舱的上限为 400 m³/h。

(2) 30 m³ 试验舱的测试范围下限(CADR)20 m³/h 的推导和 3 m³ 试验舱的测试范围上限(CADR)20 m³/h 仅作为一般规定;为了进行试验舱的区分,同时也考虑到,对于一般家庭居室,甲醛净化能力 CADR 低于 20 m³/h 的净化器效果微弱,仅对狭小空间有效果,因此 CADR 值小的净化器没有必要在 30 m³ 试验舱中进行测试,应在 3 m³ 试验舱测试。

C.2　气态污染物

发生源产生的气体纯度大于 99% 或二级标气以上,气体浓度测试方法见 GB/T 18883。

注:当使用在线即读式分析仪进行测试时,需要对仪器进行定期校准。

▷ **理解要点:**

(1) 气态污染物发生方式:

试验用甲醛气体发生方式有多种多样,只要相关指标满足本标准的要求都可以使用。图 3-17 是甲醛气体发生装置的一个实例示意图,采用负压抽气法。图 3-18 是甲苯发生装置的一个实例示意图。表 3-5 是几种气态污染物的发生源。

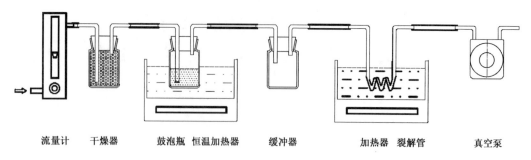

流量计　干燥器　　鼓泡瓶 恒温加热器　缓冲器　　加热器 裂解管　真空泵

图 3-17　甲醛气体发生装置实例示意图

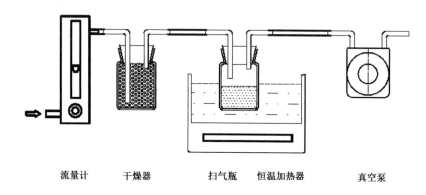

流量计　　干燥器　　扫气瓶 恒温加热器　　真空泵

图 3-18　甲苯气体发生装置实例示意图

表 3-5　几种气态污染物的发生源

气态污染物	甲醛	氨	甲苯	TVOC
发生源	甲醛溶液（分析纯及以上）、多聚甲醛（分析纯及以上）	氨水（分析纯及以上）	甲苯（分析纯及以上）	等质量混合（苯、甲苯、乙酸丁酯、乙苯、对二甲苯、间二甲苯、邻二甲苯、苯乙烯、正十一烷），分析纯及以上

（2）气态污染物浓度测试方法。本标准涉及的主要气态污染物是甲醛,其浓度的测试方法有如下三项标准:

GB/T 16129—1995《居住区大气中甲醛卫生检验标准方法分光光度法》规定,若采样流量为 1 L/min,采样体积为 20 L,则测定浓度范围为 0.01 mg/m³～0.16 mg/m³;

GB/T 15516—1995《空气质量甲醛的测定乙酰丙酮分光光度法》规定,在采样体积为(0.5～10)L时,测定范围为 0.5 mg/m³～800 mg/m³;

GB/T 18204.26—2000《公共场所空气中甲醛测定方法》规定,在采样体积为 10 L 时,测定范围为 0.01 mg/m³～0.15 mg/m³;

上述三项标准中涉及的方法均有各自适用范围和的特点。

由于本标准中规定净化器去除甲醛的测试浓度范围要求为 1.00 mg/m³～0.10 mg/m³,因此,比较起来,GB/T 16129—1995 规定的采样时间过长,GB/T 15516—1995 规定的乙酰丙酮法精度不够,GB/T 18204.26—2000 中的规定的“酚试剂法”相对最为合适;但是其采样的浓度范围不够,为此,可以通过减少采样体积的方法获得,例如,以 0.5 L/min 采样为例,浓度较高时,采样 5 min;浓度较低时,采样 10 min。

其他气态污染物浓度测试方法见表 3-6,涉及的主要仪器一般有分光光度计(见图 3-19)、大气采样器(见图 3-20)、气相色谱仪(见图 3-21)等。

（3）如果目标气态污染物对应的测试方法在 GB/T 18883 的列表中没有列出,可以参考其他相关的空气质量标准,例如,GB/T 27630—2011《乘用车内空气质量评价指南》、GB 3095—2012《环境空气质量标准》等。

表 3-6 室内各主要气态污染物的检验方法列表（引自 GB/T 18883—2002）

序号	参数	检验方法	来源
1	二氧化硫 SO_2	甲醛溶液吸收法 盐酸副玫瑰苯胺分光光度法	GB/T 16128、 GB/T 15262
2	二氧化氮 NO_2	改进的 Saltzaman 法	GB 12372、 GB/T 15435
3	一氧化碳 CO	(1) 非分散红外法 (2) 不分光红外线气体分析法气相色谱法汞置换法	(1) GB 9801 (2) GB/T 18204.23
4	二氧化碳 CO_2	(1) 不分光红外线气体分析法 (2) 气相色谱法 (3) 容量滴定法	GB/T 18204.23
5	氨 NH_3	(1) 靛酚蓝分光光度法纳氏试剂分光光度法 (2) 离子选择电极法 (3) 次氯酸钠-水杨酸分光光度法	(1) GB/T 18204.25 GB/T 14668 (2) GB/T 14669 (3) GB/T 14679
6	臭氧 O_3	(1) 紫外光度法 (2) 靛蓝二磺酸钠分光光度法	(1) GB/T 15438 (2) GB/T 18204.27 GB/T 15437
7	甲醛 HCHO	(1) AHMT 分光光度法 (2) 酚试剂分光光度法气相色谱法 (3) 乙酰丙酮分光光度法	(1) GB/T 16129 (2) GB/T 18204.26 (3) GB/T 15516
8	苯 C_6H_6	气相色谱法	附录 B、 GB 11737
9	甲苯 C_7H_8 二甲苯 C_8H_{10}	气相色谱法	GB 11737、 GB 14677
10	苯[a]并芘 B(a)P	高效液相色谱法	GB/T 15439
11	总挥发性有机物 TVOC	气相色谱法	附录 C

图 3-19 分光光度计

图 3-20　大气采样器

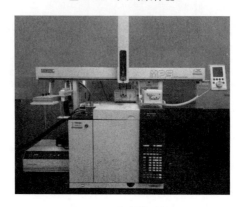

图 3-21　气相色谱仪

C.3　试运行

试验前,将净化器置于环境背景干净,且满足 6.1 温湿度条件下,试运行至少 1 h。

▶ **理解要点:**

(1) 与颗粒物 CADR 测试时要求一样,在试验前对试验样机的试运行,是所有试验开始前必须进行的工作。目的是确保净化器的各项功能正常且工作稳定后,方可进行试验。但是气态污染物 CADR 测试时,需要至少运行 1 h,是为了使试验更接近真实情况,使净化器的滤网能进入正常的工作状态。

(2) 甲醛试验受环境湿度的影响较大,建议将试验舱湿度范围控制在 $(50\pm5)\%$。

C.4　气态污染物的自然衰减试验

按照下述步骤,进行气态污染物的自然衰减试验:

a)　按 B.4a) 至 B.4c) 的规定进行试验。

b)　开启高效空气过滤器,净化试验室内空气,使颗粒物粒径在 0.3 μm 以上的粒子背景浓度小于 1 000 个/L,待测气态目标污染物的背景浓度低于 GB/T 18883 的要求,启动温湿度控制装置,使室内温度和相对湿度达到规定状态。

▶ **理解要点:**

相对于颗粒物 CADR 测试,气态污染物 CADR 测试对环境背景的要求更需严格一些,即试验舱背景浓度不仅要关注颗粒物不能超标,且在一个稳定的环境下;在此环境下待测目标污染物(如甲醛)的浓度是否能保持稳定。比如,测试甲醛 CADR 时,在此环境下的甲醛背景浓度要稳定并低于 0.10 mg/m³。另外,甲醛浓度受环境温湿度的影响要明显大于其他污染物,这一点尤其应予以注意。

c) 将试验用气体污染物发生器连接一根穿过试验舱壁的管子,发生的污染物可被卷入搅拌风扇搅拌所形成的空气涡流中去。待输送的气态污染物达到一定的量后,关闭发生器。搅拌风扇再搅拌 10 min,使气态污染物混合均匀后关闭搅拌风扇。

循环风扇在试验过程中一直保持开启状态。

d) 待搅拌风扇停止转动,测定气态污染物的初始浓度 c_0(计算时对应 $t=0$ min)。

初始浓度选择 GB/T 18883 中规定的浓度限值的(10 ± 2)倍。例如,甲醛初始浓度为(1.00 ± 0.20)mg/m³,甲苯初始浓度(2.00 ± 0.40)mg/m³。

▷ **理解要点:**

气态污染物的浓度限值见表 3-7。如果目标气态污染物的浓度限值不在 GB/T 18883 的列表中,可以参考其他相关的空气质量标准,比如,GB/T 27630—2011《乘用车内空气质量评价指南》、GB 3095—2012《环境空气质量标准》等,见表 3-8。

表 3-7 室内空气质量标准(气态污染物,引自 GB/T 18883—2002)

序号	参数	单位	标准值	备注
1	二氧化硫 SO_2	mg/m³	0.50	1 h 均值
2	二氧化氮 NO_2	mg/m³	0.24	1 h 均值
3	一氧化碳 CO	mg/m³	10	1 h 均值
4	二氧化碳 CO_2	%	0.10	日平均值
5	氨 NH_3	mg/m³	0.20	1 h 均值
6	臭氧 O_3	mg/m³	0.16	1 h 均值
7	甲醛 HCHO	mg/m³	0.10	1 h 均值
8	苯 C_6H_6	mg/m³	0.11	1 h 均值
9	甲苯 C_7H_8	mg/m³	0.20	1 h 均值
10	二甲苯 C_8H_{10}	mg/m³	0.20	1 h 均值
11	苯[a]并芘 B(a)P	mg/m³	1.0	日均值
12	总挥发性有机物 TVOC	mg/m³	0.60	8 h 均值

表 3-8 车内空气中有机物浓度要求(气态污染物,引自 GB/T 27630)

序号	项目	浓度要求(mg/m³)
1	苯	≤0.11
2	甲苯	≤1.10
3	二甲苯	≤1.50
4	乙苯	≤1.50
5	苯乙烯	≤0.26
6	甲醛	≤0.10
7	乙醛	≤0.05
8	丙烯醛	≤0.05

e) 待试验舱内的初始样采集完成后,开始试验。试验过程中,每 5 min 采集 1 次,第二次取样开始的时刻为 $t=0$ min,全部采样时间为 60 min。

注 1:采用化学吸收法测量甲醛浓度时,建议采样速度 0.5 L/min。

注 2:采用气相色谱法测量甲苯浓度时,建议采样速度 0.2 L/min。

f) 记录试验时试验舱内相对湿度和温度。

▶▶ **理解要点:**

(1)自然衰减要注意 0 时刻位置,"第二个取样开始的时刻为 $t=0$ min",自然衰减同时要配合总衰减的测试时间,保持一致。采样方法见表 3-9 和图 3-22,采样方案见表 3-10 及表 3-11。

(2)在自然衰减测试中,不开净化器,由于整个过程浓度变化不大,可统一采样 5 min。净化器开启的状态下,随着气态污染物的浓度降低,为了保证数据准确性,采样时间在整个过程中需要调整,酌情而定,一般情况下,30 min 内采样时间为 5 min,30 min 之后采样时间为 10 min。

表 3-9　几种气态污染物的采样方法

气态污染物	采样仪器	采样流量
甲醛	大型气泡采样管	0.5/(L/min)
氨	大型气泡采样管	0.5(L/min)
甲苯	活性炭管/Tenax 管	0.2(L/min)
TVOC	Tenax 管	0.2(L/min)

注 1:采样前用皂膜流量计对采样泵进行流量校准。

注 2:甲醛或氨采样时,应使用同一型号规格的大型气泡采样管,减少采样误差;应正确连接采样管,防止倒吸入采样泵。连接方法见图 3-22。

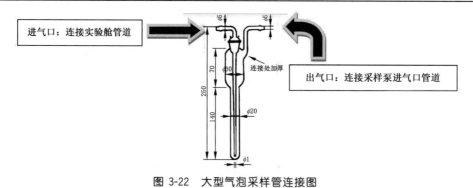

图 3-22　大型气泡采样管连接图

表 3-10　气态污染物采样方案一

采样点序号	计算用时间点 t/min	采样时间范围/min	有效采样时间/min
1	0	−5~0	5
2	2.5	0~5	5
3	7.5	5~10	5
4	12.5	10~15	5
5	17.5	15~20	5
6	22.5	20~25	5
7	27.5	25~30	5
8	35	30~40	10
9	45	40~50	10
10	55	50~60	10

表 3-11　气态污染物采样方案二

采样点序号	计算用时间点 t/min	采样时间范围/min	有效采样时间/min
1	0	-5~0	5
2	5	2.5~7.5	5
3	10	7.5~12.5	5
4	15	12.5~17.5	5
5	20	17.5~22.5	5
6	25	22.5~27.5	5
7	30	27.5~32.5	5
8	35	30~40	10
9	45	40~50	10
10	55	50~60	10

C.5　气态污染物的总衰减试验

按照下述步骤,进行气态污染物的总衰减试验:

a)　按 C.4 中步骤 a)至 d)的规定进行试验。

b)　待试验室内的初始浓度(总衰减的第一个取样点)测定后,开启待检验的净化器至额定状态,开启的时刻为 $t=0$ min,同时开始取样进行测定,每 5 min 采集 1 次,最长试验时间为 60 min。初始浓度稳定后,应全程封闭试验舱进行测定。

注 1:浓度低于 GB/T 18883 标准规定限值的采样点及数据,视为无效。

注 2:若数据点不足 6 个,可采用多孔交叉采样方式,参见表 C.1,保证足够的数据点用于计算。

表 C.1

采样点序号	计算用时间点 min	采样时间范围 min	有效采样时间 min	使用的采样孔
1	—	—	5	采样孔 1
2	2.5	0~5	5	采样孔 2
3	5.5	3~8	5	采样孔 1
4	8.5	6~11	5	采样孔 2
5	11.5	9~14	5	采样孔 1
6	14.5	12~17	5	采样孔 2
7	17.5	15~20	5	采样孔 1

注 3:在低浓度范围内,可适当增加采样时间。

c)　关闭净化器,记录试验舱内的温度和相对湿度。

▶ 理解要点:

(1)"开启的时刻为 $t=0$ min",就是净化器开启的瞬间开始计时。采样方案见表 3-11 和表 3-12。

（2）表 C.1 交叉采样，是因为气态污染物采样时间较长，采样操作也较繁琐，气态污染物的采样口应该多设几个，见图 3-23。以便交叉使用，同时也可避免试验员手忙脚乱出现失误。

（3）甲醛 CADR 测试中，浓度降低到 0.1 mg/m³ 即停止试验，后续数据不参与 CADR 计算。若在 0.1 mg/m³ 之前浓度降低到稳定平衡浓度（连续 3 个数据点高低浓度变化不超过 10%），此时也认为达到 CADR 测试的终止点。

图 3-23　试验舱多采样口设计图（举例）

C.6　气态污染物的洁净空气量计算

计算方法同 B.6。

线性回归的相关系数 R^2 应不小于 0.90。

对于特定气态污染物洁净能力评价，应按照 C.4、C.5 和 C.6 的规定，对同一样机进行两次试验，两次试验之间，样机至少静置 24 h（环境条件符合 6.1 要求）；以最后一次试验计算出的洁净空气量作为特定气态污染物的洁净空气量。

如果不标注气态污染物的累积净化量区间分档，对其 CADR 值应该进行 3 次重复性评价。3 次评价试验之间样机至少静置 24 h（环境条件符合 6.1 要求），以最后一次试验计算出的洁净空气量作为最终结果。

▶ **理解要点：**

（1）评价净化器的气态污染物 CADR 分两种情况，其一，若后续还需评价对应目标污染物的累积净化量（CCM），CADR 就测两次，以最后一次为准；其二，后续不测累积净化量，CADR 就测三次，最后一次为准。目的是在 CADR 测试前，给净化器一个适当的污染量，让其处于正常的工作环境，防止出现有些净化器仅是初次测试效果好，但是寿命却很差的情况。

（2）由于 CADR 要测多次，工作量较大，但是鉴于都是以最后一次测试结果为最终结果，因此，前面的测试，可以仅投入污染物，保证运行时间即可。

（3）两次 CADR 测试之间至少要静置 24 h，保证净化器有一个正常的恢复过程。

（4）气态污染物 CADR 计算的线性回归相关系数的平方 R^2 比颗粒物 CADR 的要低，为 0.90，注意区分。

（5）测试数据举例。

对一台空气净化器进行了甲醛 CADR 试验，第一次 CADR 测试运行完成后，静置了 24 h，进行了第二次 CADR 试验，记录试验数据如表 3-12 所示。

表 3-12　甲醛 CADR 实测数据（举例）

采样点序号 i	计算用时间点 t/min	自然衰减 甲醛浓度 $c/(\text{mg/m}^3)$	总衰减 甲醛浓度 $c/(\text{mg/m}^3)$
1	0	1.085	1.044
2	2.5	1.079	0.883
3	5.5	1.075	0.522
4	8.5	1.071	0.520
5	11.5	1.063	0.359
6	14.5	1.059	0.284
7	17.5	1.054	0.243
8	25	1.041	0.119
衰减常数/min^{-1}	$k_n=0.001\,6$	$k_e=0.085\,2$	
相关系数的平方 R^2	0.996 4	0.984 2	
V/m^3	30		
$Q/(\text{m}^3/\text{h})$	150.5		

用表 3-12 中的数据得出了甲醛污染物的自然衰减和总衰减随时间的变化规律，如图 3-24 所示。

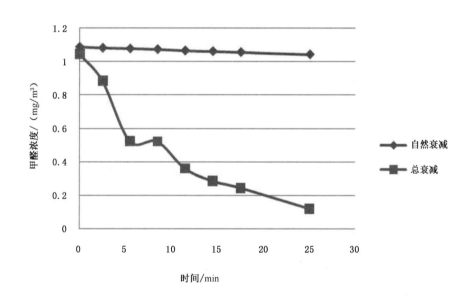

图 3-24　甲醛污染物的自然衰减和总衰减随时间的变化规律

对表 3-12 中的数据按照标准"C.6　气态污染物的洁净空气量计算"中规定的方法进行线性拟合，得出了线性拟合关系，并计算出了自然衰减常数 $k_n=0.001\,6$、总衰减常数 $k_e=0.085\,2$ 和相关系数的平方 R^2，如图 3-25 所示。

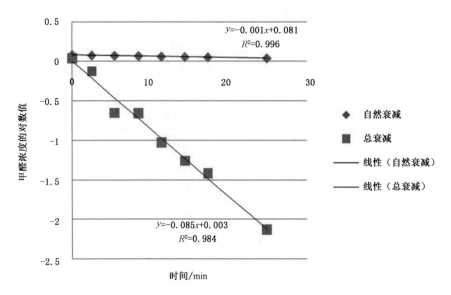

图 3-25　自然衰减和总衰减的线性拟合

最终计算出机器去除甲醛污染物的 CADR 值为:$Q=60\times(0.085\ 2-0.001\ 6)\times30=150.5\ \mathrm{m^3/h}$。

二、试验流程

气态污染物 CADR 测试基本流程见图 3-26。

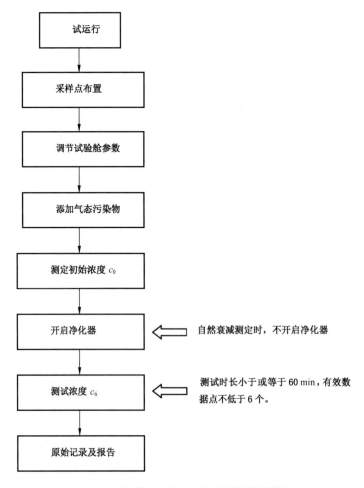

图 3-26　气态污染物 CADR 测试基本流程图

建议试验步骤如下：

1. 试运行

（1）试验室收到净化器后，先拆开外包装，检查滤网是否有包装，滤网是否齐全。

（2）接通电源，检查净化器运行是否正常（按说明书操作）。

2. 试验舱环境确认

将待测净化器按附录 A 中的放置要求放到试验舱中（30 m³ 或 3 m³），将净化器调节到试验的额定状态，运转正常后关闭净化器。检查搅拌风扇、循环风扇、污染物发生装置、管道、阀门、插座、控制开关等是否正常。

3. 采样点布置

将采样点布好，避开进出风口，离试验舱内壁距离应大于 0.5 m，相对试验舱地面高度 0.5 m～1.5 m。

4. 调节试验舱参数

开启试验舱净化系统，净化试验室内空气，使颗粒物（粒径＞0.3 μm）背景浓度小于 1 000 个/L，待测目标污染物的本底浓度符合 GB/T 18883 的要求，同时启动温湿度控制装置使温度控制在（25±2）℃范围内，相对湿度控制在（50±10）%范围内。

5. 添加污染物

使用气态污染物发生装置将一定量的气态污染物气体添加到试验舱内，开启搅拌风扇和循环风扇，使其初始浓度达到 GB/T 18883 规定的限值的（10±2）倍，关闭发生装置。搅拌风扇搅拌 10 min，关闭搅拌风扇，静置 15 min。

6. 测定初始浓度 c_0

静置后，测定初始浓度。

7. 开启净化器

初始浓度测定后，开启净化器（最强档或者制造商宣称的最佳程序），开始试验。

8. 总衰减测试

试验过程中每 5 min 采样一次，连续采样最长 60 min。

9. 试验舱排风

试验结束后，请打开试验舱排风阀，建议排风至少半小时。

10. 整理、清洁试验舱

整理、清洁试验舱，将仪器放回原位。

11. 自然衰减

不开净化器，与净化器开启测试同样的条件下做空白对照，测试自然衰减。此步骤也可在总衰减测试之前进行。

12. 原始记录及报告

根据步骤 1～11 的结果，填写原始记录。按委托书的信息及原始记录，出具检测报告。

第12章 附录D(规范性附录)
颗粒物累积净化量的试验方法

一、条款解读

D.1 范围

本附录规定了评价净化器针对颗粒物的累积净化量(CCM)的试验方法。

本附录规定,评价针对颗粒物的累积净化量(CCM)采用加速试验法,加速试验在 3 m³ 试验舱中进行。

本附录仅适用于颗粒物洁净空气量(CADR)不小于 60 m³/h 的净化器的累积净化量的试验。

▶ **理解要点:**

(1) 洁净空气量测试在 30 m³ 试验舱中进行,加速试验在 3 m³ 试验舱进行。

(2) 进行累积净化量的初始颗粒物 CADR 需大于等于 60 m³/h,原因是如果初始的 CADR 不足 60 m³/h,那么在衰减 50% 后 CADR 会低于 30 m³/h,此值已低于 30 m³ 试验舱的检测下限。

D.2 颗粒物发生条件

颗粒物发生条件及方式见附录 B 的规定。

▶ **理解要点:**

(1) 累积净化量 CCM 测试需要通入大量的香烟,点烟器与附录 B 的要求保持一致的同时,还要考虑到实际工作量,最好增加连续操作的设计,或者采用一次能点燃多支香烟的设计。

(2) 为了防止点烟器长时间给试验舱送风,导致舱内外压差,建议采用从舱内引风送烟的方式。

D.3 试验步骤

按照下述步骤进行颗粒物的累积净化量试验:
a) 按照附录 B 的规定,对净化器的颗粒物洁净空气量进行试验,确定其初始值;
b) 在 3 m³ 试验舱内,点燃通入单支香烟,开启搅拌风扇 10 min 后,关闭搅拌风扇,静置 10 min,并对单支香烟的颗粒物有效发生量进行测量并记录;
注:若点烟装置能一次性通入多支香烟,则要测量多支香烟的颗粒物总有效发生量。

▶ **理解要点:**

(1) 颗粒物 CADR 测试对象是 0.3 μm 及以上的粒子数,单位是个/L。但是 CCM 测试中,"香烟颗粒物有效发生量"是指点烟器一次点烟产生的细颗粒物(PM 2.5)的总量,单位是 mg,可以用试验舱内的浓度乘以试验舱体积来计算,测试仪器见图 3-27。

(2) 由于长时间点烟产生的烟雾会对点烟器的管道、部件等造成堵塞,进而影响有效发生量,因此应至少每点 50 支香烟,就重新确认一次点烟器的有效发生量,确保试验数据的准确性。

图 3-27　PM 2.5分析仪

> c)　将净化器放入 3 m³ 试验舱，开启净化器，并调至额定状态挡，开启搅拌风扇，关闭试验舱门；

▶ **理解要点：**

"额定状态"指净化器的实现最佳净化性能的档位（也可认为是洁净空气量最大的档位），累积净化量 CCM 与洁净空气量 CADR 的的测试一样，要保持净化器以额定状态持续运行。

> d)　连续点燃 50 支香烟注入 3 m³ 试验舱，待监测的颗粒物浓度降到 0.035 mg/m³ 以下时，关闭净化器，静置至少 30 min，取出净化器；
> e)　重复步骤 a)～d)，分别获得 50 支、100 支、150 支、200 支、250 支……的香烟洁净空气量实测值，当实测洁净空气量小于或等于初始值的 50％时，试验结束。

▶ **理解要点：**

（1）净化器开启后，要封闭试验舱，之后在封闭条件下，连续向舱内通入 50 支香烟，让净化器继续运行，直到 PM 2.5浓度降低到 0.035 mg/m³ 以下。

（2）若点燃 50 支烟后测得的洁净空气量相对于初始洁净空气量超过 10％或不足 5％的衰减，则应调整后续的洁净空气量试验对应的点烟数量间隔。超过 10％，要减少香烟数量，如改为点 25 支后测一次 CADR；不足 5％，要增加香烟数量，如改为 100 支就测一次 CADR。

D.4　拟合计算

按照下述步骤对颗粒物的累积净化量进行计算：

a)　根据 D.3 中步骤 b)测量的单支香烟烟尘颗粒物发生量，计算出 0 支、50 支、100 支、150 支、200 支、250 支……香烟对应的烟尘颗粒物发生量。

b)　对 D.3 中步骤 e)得到的多组洁净空气量实测值及其相应的烟尘颗粒物累积发生量进行拟合计算。

c)　通过拟合计算出洁净空气量降至初始值 50％时对应的颗粒物累积去除量，即净化器的累积净化量。

注 1：用于拟合的测试值应不低于 6 组。

注 2：若 50 支烟对应的洁净空气量相对于初始洁净空气量超过 10％或不足 5％的衰减，则应调整后续的洁净空气量试验对应的点烟数量间隔。

▶ **理解要点：**

（1）加速试验中的点的香烟和 CADR 测试中使用的香烟，理论上都会对净化寿命造成影响，但是，由于颗粒物 CADR 测试时使用的香烟量很少，因此，在 CCM 测试中这个量是忽略不计的，只考虑加速试验中的点烟数量。

（2）从数据上看，若随着香烟 PM 2.5 总量的增加，每一个颗粒物 CADR 数值呈现较好的递减，颗粒物 CCM 拟合计算采用三次多项式拟合，相关系数的平方 R^2 应大于等于 0.99，根据拟合的三项式公式计算 CADR 降为 50% 时对应的消耗的香烟 PM 2.5 总量（即 CCM）。举例见表 3-13。

（3）若上述三项式拟合相关系数的平方 R^2 小于 0.99，此时应选择用最后两个数据（一般是一个大于 50%，一个小于 50%）进行内插法（两点一直线，求中间点）求出 50% CADR 对应的 PM 2.5 总量（即 CCM）。举例见表 3-14。

（4）若实测数据正好包含 50% 的初始 CADR，那么直接用这个数据作为 CCM 即可，不必再进行数学拟合。

D.5　评价

净化器对颗粒物的"累积净化量"（CCM）的评价按表 D.1 区间分档：

表 D.1

区间分档	累积净化量 $M_{颗粒物}$/mg
P1	3 000≤$M_{颗粒物}$<5 000
P2	5 000≤$M_{颗粒物}$<8 000
P3	8 000≤$M_{颗粒物}$<12 000
P4	12 000≤$M_{颗粒物}$

注：实测 $M_{颗粒物}$ 小于 3 000 mg，不对其进行"累积净化量"评价。

▶ **理解要点：**

（1）区间分档，P 是 Particle 的首字母。

（2）$M_{颗粒物}$，是颗粒物 CCM 的代表字母符号。

（3）如果 $M_{颗粒物}$ 大于 12 000 mg（P4），按照区间分档标注时，应为"P4"。

表 3-13　颗粒物 CCM 计算举例一

序号	累积消耗的香烟 PM 2.5 质量 mg	颗粒物洁净空气量 （m^3/h）	与初始值的百分比 %
1	0	278.4	100.00
2	2 900	247.9	89.04
3	5 600	227.9	81.86
4	8 100	182.1	65.41
5	10 600	141.9	50.97
6	14 700	116.6	41.88
数据拟合	由于数据递减较好,用三项式拟合,求解 50% 对应的累积消耗的香烟 PM 2.5 质量。 x——累积消耗的香烟 PM 2.5 质量,单位 mg; y——颗粒物洁净空气量,单位 m^3/h; 拟合公式为:$y = 9 \times 10^{-11} x^3 - 2 \times 10^{-6} x^2 - 0.002\,3x + 276.12$　　$R^2 = 0.992$ 		
颗粒物累积净化量 $M_{颗粒物}$ mg	当 y = 初始洁净空气量的 $50\% = 278.4 \times 0.5 = 139.2(m^3/h)$ 时,对应 x 为 10 260 mg,即 $M_{颗粒物} = 10\,260$ mg		
区间分档	P3		

表 3-14　颗粒物 CCM 计算举例二

序号	累积消耗的香烟 PM 2.5 质量 mg	颗粒物洁净空气量 m^3/h	与初始值的百分比 %
1	0	779.5	100.00
2	1 789	774.4	99.35
3	4 354	768.6	98.60
4	6 822	774.4	99.35
5	9 200	769.1	98.67
6	13 572	774.9	99.41
7	17 622	770.0	98.78
8	21 604	770.6	98.86
9	26 044	749.9	96.20
10	29 112	728.4	93.44
11	34 962	689.1	88.40
12	41 172	616.8	79.13
13	47 382	508.5	65.23
14	52 542	471.5	60.49
15	57 267	428.3	54.95
16	61 227	408.6	52.42
17	65 112	398.7	51.15
18	67 812	401.3	51.48
19	69 912	399.7	51.28
20	72 487	381.3	48.92
数据拟合	由于数据波动性较大,三项式拟合的相关系数 R^2 小于 0.99,因此用最后两组数据进行内插法求解 50% 对应的累积消耗的香烟 PM 2.5 质量。 x——累积消耗的香烟 PM 2.5 质量,单位 mg; y——与初始值的百分比,单位%; 拟合公式为:$y=-0.000\,92x+115.35$		
颗粒物累积净化量 $M_{颗粒物}$ mg	当 $y=50\%$ 时,$x=71\,309$ mg,即 $M_{颗粒物}=71\,309$ mg		
区间分档	P4		

二、试验流程

颗粒物 CCM 测试及基本流程见图 3-28。

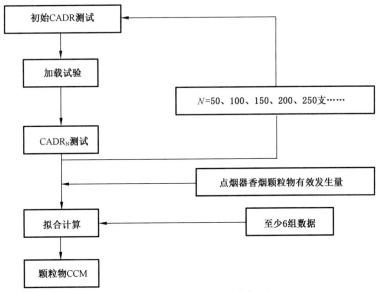

图 3-28　颗粒物 CCM 测试流程图

建议试验步骤如下：

1. 试运行

（1）试验室收到净化器后，先拆开外包装，检查滤网是否有包装，滤网是否齐全。

（2）接通电源，检查净化器运行是否正常（按说明书操作）。

2. 初始 CADR 测试

参照附录 B，在 30 m³ 试验舱内测试净化器的初始 CADR 值。本方法仅适用于初始颗粒物洁净空气量（CADR）大于或等于 60 m³/h 的净化器的累积净化量的试验。

3. 单支香烟有效发生量确定

在 3 m³ 试验舱内，点燃通入单支香烟，开启搅拌风扇 10 min 后，关闭搅拌风扇，静置 10 min，并对单支香烟的颗粒物有效发生量进行测量并记录。比如，采用正压法香烟发生器，单支香烟燃烧时间为 45 s 左右，单支香烟 PM 2.5发生量为 75 mg 左右。

注：若点烟装置能一次性通入多支香烟，则要测量多支香烟的颗粒物总有效发生量。

4. 加载试验

将净化器放入 3 m³ 试验舱，开启净化器，并调至额定状态（没有标明额定状态的，按照最大风量档测试）；开启搅拌风扇，关闭试验舱门。连续点燃 50 支香烟注入 3 m³ 试验舱，待监测的颗粒物浓度降到 0.035 mg/m³ 以下时，关闭净化器，静置至少 30 min，取出净化器。

5. CADR$_N$ 测试

分别在加载 50 支、100 支、150 支、200 支、250 支……的香烟后，将净化器放入 30 m³ 试验舱内测试净化器的 CADR 值。当实测洁净空气量小于等于初始值的 50％时，试验结束。

6. 拟合计算

根据步骤 3 测量的单支香烟烟尘颗粒物发生量，计算出 0 支、50 支、100 支、150 支、200 支、250 支……香烟对应的烟尘颗粒物发生量。根据步骤 5 得到的多组洁净空气量实测值及其相应的烟尘颗粒物累积发生量进行拟合计算。通过拟合计算出洁净空气量降至初始值 50％时对应的颗粒物累积去除量，即净化器的累积净化量。

注 1：用于拟合的测试值应不低于 6 组。

注 2：若 50 支烟对应的洁净空气量相对于初始洁净空气量超过 10％或不足 5％的衰减，则应调整后续的洁净空气量试验对应的点烟数量间隔。

7. 原始记录及报告

根据步骤 1～6 的结果，填写原始记录。按委托书的信息及原始记录，出具检测报告。

第13章 附录E（资料性附录）
气态污染物累积净化量的试验方法

一、条款解读

E.1 范围

本附录规定了评价净化器针对特定气态污染物（甲醛）的累积净化量（CCM）试验方法。

本附录规定，评价针对甲醛的累积净化量（CCM）采用加速试验法，加速试验在 3 m³ 试验舱中进行。

本附录仅适用于针对甲醛的洁净空气量（CADR）不小于 40 m³/h 的净化器的累积净化量的试验。

注： 其他气态污染物可参考执行。

▶ **理解要点：**

（1）本附录仅适用于甲醛的 CCM 测试，其他气体参考执行。

（2）进行甲醛累积净化量（寿命试验）的初始 CADR 需大于等于 40 m³/h，原因是初始 CADR 如低于 40 m³/h，那么在衰减 50% 后会低于 20 m³/h，此值已低于 30 m³ 试验舱的下限。

E.2 甲醛发生条件

可采用连续注入法，或单次递进注入法。

连续注入法其输入质量流量速率应控制在 20 mg/h。

单次递进注入法应确保每次注入峰值浓度不超过 GB/T 18883 规定浓度的 100 倍。

注： 试验前，需确认甲醛不同发生方式的有效发生量。

▶ **理解要点：**

（1）连续进样，近似一种恒定发生源，能够维持恒定的甲醛浓度，速度应控制在 20 mg/h，可以参考图 3-29 的原理进行设计，其装置原理图见图 3-30。

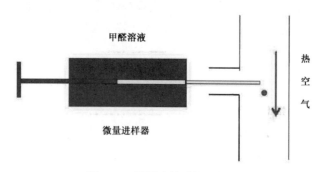

图 3-29 甲醛连续进样示意图

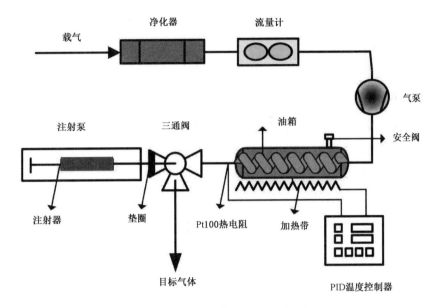

图 3-30 甲醛连续进样装置原理图

（2）单次递进进样，指的是固定每次的甲醛输入量（单位为 mg），比如每次都挥发固定体积的甲醛溶液，输入量除以试验舱体积得到浓度，此浓度应不大于 10.0 mg/m³。

（3）不管是连续进样，还是单次递进进样，由于具体操作方式和设备不同，都需要提前确认有效发生量，前者确认恒定的速率大小，后者确认每次的输入量。

E.3 试验步骤

按照下述步骤，进行甲醛的累积净化量试验：

a) 按照附录 C 的规定，对净化器的甲醛洁净空气量的初始值进行试验评价并记录。

b) 之后，将净化器放入 3 m³ 试验舱内，开启净化器，并调至额定状态；开启搅拌风扇，关闭试验舱门。

c) 按照 E.2 甲醛发生条件，可采用单次递进法或连续注入法加载甲醛气体到 3 m³ 试验舱中。连续注入法载入甲醛时，加载速率为 20 mg/h；单次递进注入法载入甲醛时，每次注入量不大于 30 mg，8 h 内注入 5 次～6 次。

▶ 理解要点：

（1）甲醛 CADR 初始值，需满足附录 C 的要求，测两次，以第二次为准。

（2）"额定状态"指净化器的实现最佳净化性能的档位（也可认为是洁净空气量最大的档位），累积净化量的测试要保持净化器以额定状态运行。

（3）甲醛注入量过大，一来不符合真实使用环境，二来会对某些甲醛滤网造成致命损害，因此务必严格遵守进样要求。

（4）"每次注入量不大于 30 mg"，指的是指挥发出来的甲醛气体的质量。

（5）单次递进进样时，每次不得大于 30 mg，要待净化器运行一段时间后，消耗差不多时，再第二进样。

---

d) 当确认连续（或递进）载入后测得的注入量达到步骤 e)规定的注入量后，持续运行 1 h，测量试验舱内甲醛浓度，以总注入量减去试验舱中稳定剩余的甲醛量作为本次实际去除量，然后关闭净化器，并在试验室环境下静置 16 h。之后，再次将净化器放入 30 m³ 试验舱，按照附录 C 进行一次甲醛洁净空气量试验并记录。

▷ **理解要点：**

（1）由于甲醛不像颗粒物那么容易去除，有可能去除甲醛的速度会很慢，导致残留在试验舱的甲醛浓度很高，因此为了获得准确的累积去除量，必须确认舱内残留浓度。

（2）加速试验后，再测甲醛 CADR 时，只需测一次即可，与初始 CADR 测试两次不一样。

> e) 重复步骤 b)至 d)，分别获得累积注入量大于 300 mg、600 mg、1 000 mg、1 500 mg 时的洁净空气量，当实测的洁净空气量小于或等于初始值的 50% 时，试验结束。
>
> f) 每次加载试验的实际去除量与每次 CADR 测试中的去除量之和，记为净化器的总累积去除量，并标定出实测累积净化量的区间分档。

▷ **理解要点：**

（1）相比于颗粒物 CCM 测试过程中香烟支数和投入速度对于不同净化器是不一样的，甲醛 CCM 的甲醛投入量对所有净化器却是一样的，都是按照 300 mg、600 mg、1 000 mg、1 500 mg 投放，只有四个档位，一旦出现小于或等于初始值 50% 的 CADR 出现，就停止试验。计算案例见表 3-15 和表 3-16。

（2）每次加载试验的实际甲醛去除量与每次 CADR 测试中的使用的甲醛质量之和，记为净化器的甲醛总累积去除量，可以根据此值确认甲醛 CCM 的区间分档。

（3）CCM 测试过程中，每次 CADR 测试用甲醛的质量，应加和算入上一区间分档，见表 3-15 和表 3-16。

（4）建议明示 CCM 测试中不同衰减阶段甲醛 CADR 测试的相关系数的平方 R^2。

（5）甲醛 CCM 测试过程中，由于净化器不一定能处理所有的加载量，所以加载量和实际消耗量是有区别的。每次加载完应测试舱内残留浓度，计算精确的消耗量，消耗量作为分档的依据。

（6）CADR 测试用甲醛每次是 30 mg，这 30 mg 也是加载量，而不是实际消耗量，鉴于量较小，为了便于计算，统一认为这个加载量就等于消耗量。

（7）甲醛 CCM 测试，需要提前出试验计划表，保证测试节奏，必须每天都进行 CCM 相关的试验，或是加载试验，或是 CADR 测试试验。不得断断续续或中间暂停，如有需要应该安排加班，见表 3-17 和表 3-18。

（8）每次 CADR 测试过程中，如果最终的甲醛浓度衰减到的最小值不能达到 GB/T 18883 规定的 1.5 倍以下，则应在试验报告对应的每个 CADR 数值后对此做出标注。

E.4 评价

净化器对典型气态污染物甲醛的"累积净化量"（CCM）的评价按表 E.1 区间分档：

表 E.1

区间分档	累积净化量 $M_{甲醛}$/mg
F1	$300 \leqslant M_{甲醛} < 600$
F2	$600 \leqslant M_{甲醛} < 1\,000$
F3	$1\,000 \leqslant M_{甲醛} < 1\,500$
F4	$1\,500 \leqslant M_{甲醛}$

注：实测 $M_{甲醛}$ 小于 300 mg，不对其进行"累积净化量"评价。

▷ **理解要点：**

（1）区间分档，F 是 Formaldehyde 的首字母。

（2）$M_{甲醛}$是颗粒物 CCM 的代表字母符号。

（3）鉴于本附录是推荐性附录,建议当 $M_{甲醛}$ 大于 1 500 mg 时,则应按照区间分档,仅标注"F4"。

表 3-15 甲醛 CCM 计算举例一

序号	3 m³ 加载试验中实际消耗的甲醛量 mg	CADR 测试加载甲醛量/mg	累积消耗的甲醛量 mg	甲醛洁净空气量 m³/h	与初始值的百分比%
1	—	60	60	88.5	100.00
2	210	30	300	65.4	73.90
3	270	30	600	43.2	48.81
4	370	30	1 000	—	—
5	470	30	1 500	—	—
甲醛累积净化量 $M_{甲醛}$ mg	由于 600 mg 时,甲醛 CADR 已经降为小于初始值50%,因此终止试验。 300 mg＜$M_{甲醛}$＜600 mg				
区间分档	F1				

表 3-16 甲醛 CCM 计算举例二

序号	3 m³ 加载试验中实际消耗的甲醛量 mg	CADR 测试加载甲醛量 mg	累积消耗的甲醛量 mg	甲醛洁净空气量 m³/h	与初始值的百分比%
1	—	60	60	156.4	100.00
2	210	30	300	123.2	78.77
3	270	30	600	100.5	64.26
4	370	30	1000	90.3	57.74
5	470	30	1500	82.9	53.01
甲醛累积净化量 $M_{甲醛}$/ mg	由于 1 500 mg 时,甲醛 CADR 仍大于初始值50%,也终止试验。 $M_{甲醛}$＞1 500 mg				
区间分档	F4				

二、试验流程

甲醛 CCM 测试流程及详细步骤见图 3-31。

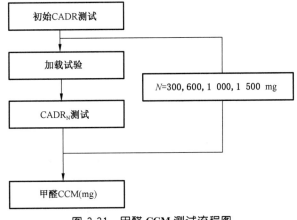

图 3-31 甲醛 CCM 测试流程图

表 3-17 甲醛 CCM 测试过程时间规划表举例(单次递进注入法)

时间表		试验项目	本次消耗的甲醛量	累积消耗的甲醛量	备注
第1天	上午	CADR(30 m³)	30 mg	30 mg	静置 24 h
	下午				
第2天	上午	CADR(30 m³)	30 mg	60 mg	静置 24 h
	下午				
第3天	上午	加载(3 m³)	100 mg	—	约 1 次/h 注入,20 mg/次×5 次,最后一次加入后持续运行至少 1 h,检测残留量,静置 16 h
	下午				
第4天	上午	加载(3 m³)	110 mg	—	约 1 次/h 注入,20 mg/次×4 次,30 mg/次×1 次,最后一次加入后持续运行至少 1 h,检测残留量,静置 16 h
	下午				
第5天	上午	CADR(30 m³)	30 mg	300 mg	静置 24 h
	下午				
第6天	上午	加载(3 m³)	130 mg	—	约 1 次/h 注入,30 mg/次×4 次,10 mg/次×1 次,最后一次加入后持续运行至少 1 h,检测残留量,静置 16 h
	下午				
第7天	上午	加载(3 m³)	140 mg	—	约 1 次/h 注入,30 mg/次×4 次,20 mg/次×1 次,最后一次加入后持续运行至少 1 h,检测残留量,静置 16 h
	下午				
第8天	上午	CADR(30 m³)	30 mg	600 mg	静置 24 h
	下午				
第9天	上午	加载(3 m³)	120 mg	—	约 1 次/h 注入,20 mg/次×6 次,最后一次加入后持续运行至少 1 h,检测残留量,静置 16 h
	下午				
第10天	上午	加载(3 m³)	120 mg	—	约 1 次/h 注入,20 mg/次×6 次,最后一次加入后持续运行至少 1 h,检测残留量,静置 16 h
第11天	上午	加载(3 m³)	130 mg	—	约 1 次/h 注入,30 mg/次×4 次,10 mg/次×1 次,最后一次加入后持续运行至少 1 h,检测残留量,静置 16 h
	下午				
第12天	上午	CADR(30 m³)	30 mg	1 000 mg	静置 24 h
	下午				
第13天	上午	加载(3 m³)	150 mg	—	约 1 次/h 注入,30 mg/次×5 次,最后一次加入后持续运行至少 1 h,检测残留量,静置 16 h
	下午				
第14天	上午	加载(3 m³)	150 mg	—	约 1 次/h 注入,30 mg/次×5 次,最后一次加入后持续运行至少 1 h,检测残留量,静置 16 h
	下午				
第15天	上午	加载(3 m³)	170 mg	—	约 1 次/h 注入,30 mg/次×5 次,20 mg/次×1 次,最后一次加入后持续运行至少 1 h,检测残留量,静置 16 h
	下午				
第16天	上午	CADR(30 m³)	30 mg	1 500 mg	结束
	下午				

注:由于净化器不一定每次都能消耗掉所有的加载量,3 m³ 舱内会有残留,导致加载量和实际消耗量不一致。为了确保实际消耗量达到要求,在加载时应适当多加载一点;或者最后一次加载后进行较长时间的净化,确保基本没有残留。

表 3-18   甲醛 CCM 测试过程时间规划表举例（连续注入法）

时间表		试验项目	本次消耗的甲醛量	累积消耗的甲醛量	备注
第 1 天	上午	CADR(30 m³)	30 mg	30 mg	静置 24 h
	下午				
第 2 天	上午	CADR(30 m³)	30 mg	60 mg	静置 24 h
	下午				
第 3 天	上午	加载(3 m³)	100 mg	—	20 mg/h×5 h,注入停止后持续运行至少 1 h,检测残留量,静置 16 h
	下午				
第 4 天	上午	加载(3 m³)	110 mg	—	20 mg/h×5.5 h,注入停止后持续运行至少 1 h,检测残留量,静置 16 h
	下午				
第 5 天	上午	CADR(30 m³)	30 mg	300 mg	静置 24 h
	下午				
第 6 天	上午	加载(3 m³)	130 mg	—	20 mg/h×6.5 h,注入停止后持续运行至少 1 h,检测残留量,静置 16 h
	下午				
第 7 天	上午	加载(3 m³)	140 mg	—	20 mg/h×7 h,注入停止后持续运行至少 1 h,检测残留量,静置 16 h
	下午				
第 8 天	上午	CADR(30 m³)	30 mg	600 mg	静置 24 h
	下午				
第 9 天	上午	加载(3 m³)	120 mg	—	20 mg/h×6 h,注入停止后持续运行至少 1 h,检测残留量,静置 16 h
	下午				
第 10 天	上午	加载(3 m³)	120 mg	—	20 mg/h×6 h,注入停止后持续运行至少 1 h,检测残留量,静置 16 h
	下午				
第 11 天	上午	加载(3 m³)	130 mg	—	20 mg/h×6.5 h,注入停止后持续运行至少 1 h,检测残留量,静置 16 h
	下午				
第 12 天	上午	CADR(30 m³)	30 mg	1 000 mg	静置 24 h
	下午				
第 13 天	上午	加载(3 m³)	120 mg	—	20 mg/h×6 h,注入停止后持续运行至少 1 h,检测残留量,静置 16 h
	下午				
第 14 天	上午	加载(3 m³)	120 mg	—	20 mg/h×6 h,注入停止后持续运行至少 1 h,检测残留量,静置 16 h
	下午				
第 15 天	上午	加载(3 m³)	120 mg	—	20 mg/h×6 h,注入停止后持续运行至少 1 h,检测残留量,静置 16 h
	下午				
第 16 天	上午	加载(3 m³)	110 mg	—	20 mg/h×5.5 h,注入停止后持续运行至少 1 h,检测残留量,静置 16 h
	下午				
第 17 天	上午	CADR(30 m³)	30 mg	1 500 mg	结束
	下午				

注：由于净化器不一定每次都能消耗掉所有的加载量,3 m³ 舱内会有残留,导致加载量和实际消耗量不一致。为了确保实际消耗量达到要求,在加载时应适当多加载一点;或者最后一次加载后进行较长时间的净化,确保基本没有残留。

建议试验步骤如下：

1. 试运行

（1）试验室收到净化器后，先拆开外包装，检查滤网是否有包装，滤网是否齐全。

（2）接通电源，检查净化器运行是否正常（按说明书操作）。

2. 初始 CADR 测试

参照附录 C，在 30 m³ 试验舱内测试机器的甲醛初始 CADR 值。本方法仅适用于针对甲醛的洁净空气量（CADR）大于或等于 40 m³/h 的净化器的累积净化量的试验。

3. 加载试验及 CADR_N 测试

加载过程中，分别获得 300 mg、600 mg、1 000 mg、1 500 mg 的洁净空气量实测值，当实测洁净空气量小于或等于初始值的 50 ％时，试验结束。

4. 原始记录及报告

根据步骤 1～3 的结果，填写原始记录。按委托书的信息及原始记录，出具检测报告。

第 14 章 附录 F（资料性附录） 适用面积计算方法

F.1 概述

本附录规定了净化器去除颗粒物污染物的适用面积计算方法。

▶ 理解要点：

（1）所谓空气净化器的"适用面积"，是根据其净化能力（CADR）值计算得出的，是理论推导值，而非实测值；

（2）本标准涉及的"适用面积"计算方法仅适用于去除颗粒物污染物的 CADR 值，其他污染物的 CADR 值不适用。

F.2 基本原理

室内污染源传递过程示意见图 F.1。

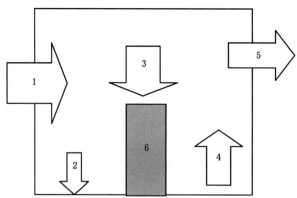

说明：
1——由于通风作用由室外进入室内的颗粒物污染物示意；
2——自然衰减的污染物示意；
3——由于空气净化器的作用，去除的污染物示意；
4——室内源带来的污染物示意；
5——由于通风作用，由室内排放到室外的污染物示意；
6——空气净化器。

图 F.1 室内污染物质量传递过程示意图

室内颗粒物污染的质量传递过程满足质量守恒,见式(F.1)。

$$\frac{\mathrm{d}c}{\mathrm{d}t}=P_p k_v c_{out}+\frac{E'}{S\times h}-(k_0+k_v)c-\frac{Q}{S\times h}\times c \quad\cdots\cdots\cdots\cdots(F.1)$$

式中:

c ——室内颗粒物污染物浓度,单位为毫克每立方米(mg/m^3);

P_p ——颗粒物从室外进入室内的穿透系数;

c_{out} ——室外颗粒物的质量浓度,单位为毫克每立方米(mg/m^3);

E' ——室内污染源的产生速率,单位为毫克每小时(mg/h);

k_0 ——颗粒物的自然沉降率,单位为每小时(h^{-1});

k_v ——建筑物的换气次数,单位为每小时(h^{-1});

Q ——净化器去除颗粒物的洁净空气量,单位为立方米每小时(m^3/h);

S ——房间面积,单位为平方米(m^2);

h ——房间高度,单位为米(m)。

根据式(F.1)可以求出稳态情况下,当使用空气净化器时,其室内稳态浓度 c_t 为:

$$c_t=\frac{P_p k_v c_{out}+\dfrac{E'}{S\times h}}{k_0+k_v+\dfrac{Q}{S\times h}} \quad\cdots\cdots\cdots\cdots(F.2)$$

室内空气的最高颗粒物浓度应低于空气质量"优"对应的颗粒物污染物浓度上限值,即 $c_t\leqslant35\ \mu g/m^3$,从而得到:

$$S\leqslant\frac{35Q-E'}{[P_p k_v c_{out}-35(k_0+k_v)]\times h} \quad\cdots\cdots\cdots\cdots(F.3)$$

▷ **理解要点:**

(1)"适用面积"推导的基础是建立在稳态的、并且理想的 AQI(空气质量指数)方程的基础上。

(2)"适用面积"推算时的基本条件是,室内颗粒污染物浓度低于 $35\ \mu g/m^3$。

(3)"适用面积"是指机器能够满足的最大居室面积,但这是根据机器的额定状态对应的初始 CADR 推算出的;随着净化器的使用,CADR 在衰减,相应的"适用面积"推导值实际上也在减小。

(4)同时"适用面积"与房屋建筑的结构、室外污染程度等多种因素密切相关;对于同一台净化器产品,如果使用环境不同或上述的其他影响因素发生变化,其"适用面积"也会随之发生变化。

F.3 参数选取

F.3.1 自然沉降率

颗粒物污染物的自然沉降率 $k_0=0.2\ h^{-1}$。

F.3.2 房间高度

房间高度 h 定为 2.4 m。

F.3.3 换气次数

当主要污染源来自室外时(大气环境污染),用户会关闭门窗,使用净化器。在门窗紧闭的工况下,换气次数测试结果的范围为 $0.05\ h^{-1}\sim0.57\ h^{-1}$。由于气候原因,我国南方的换气次数应比北方高,设计标准为 $1.0\ h^{-1}$。因此,本标准取为 $k_v=0.6\ h^{-1}\sim1.0\ h^{-1}$。

F.3.4 室内颗粒物污染源

忽略室内颗粒物污染源，即 $E'=0$。

F.3.5 穿透系数

建筑物对颗粒物的穿透系数 P_p 取 0.8。

F.3.6 室外颗粒物质量浓度

室外颗粒物浓度近似采用细颗粒物的质量浓度，针对重度污染的天气，取 $c_{out}=300\ \mu g/m^3$。

F.4 计算结果

将上述参数带入式(F.3)，

当 $k_v=0.6\ h^{-1}$ 时，计算得到适用面积 $S=0.12\times Q$；

当 $k_v=1.0\ h^{-1}$ 时，计算得到适用面积 $S=0.07\times Q$；

因此，得到：

$$S=(0.07\sim0.12)Q \quad\cdots\cdots\cdots\cdots\cdots\cdots\cdots\cdots\cdots\cdots\cdots\cdots\cdots（F.4）$$

注1：式(F.4)的计算结果是针对重度污染情况下使用净化器时的建议适用面积，当室外污染较低，或非常严重时，可适当增加或减小式(F.4)的系数。

注2：当考虑室内污染源时，可适当减小式(F.4)的系数。

▷ **理解要点：**

（1）基于上述的模型与理论推导，以及与"适用面积"相关影响因素及参数的复杂性分析，不可能将"适用面积"固化为一个定值。

（2）计算结果的指导意义在于，可按照此结果选择适用的空气净化器，并且能够尽量确保室内颗粒物质量浓度符合国家室内空气质量标准 GB/T 18883 的要求。

（3）为了便于使用者选配净化器，在将我国建筑设计参数（不同的换气次数）引入的基础上，将净化器的"适用面积"推导出一个范围值（区间值），即：

适用面积=(0.07~0.12)CADR[颗粒物]

并以此作为国内消费者的"适配参考"。

表 3-19 列出了 2014 年我国主要城市的空气质量状况，主要涉及优良天数、细颗粒物（PM 2.5）年均值以及污染最严重时对应的 PM 2.5 数值（根据中华人民共和国环境保护部数据中心公布数据统计得出，参考网站：http://datacenter.mep.gov.cn/report）。

表 3-19　2014 年我国主要城市的空气质量状况

城市	优良天数/天	PM2.5 平均值/(μg/m³)	PM2.5 最高值/(μg/m³)
北京	180	86	380 以上
石家庄	114	123	400 以上
长春	239	65	200 以上
济南	123	91	400 以上
西安	211	76	350 以上
上海	281	91	180 以上
武汉	182	82	280 以上
重庆	246	63	200 以上
广州	282	49	200 以上
深圳	348	33	90 以上
昆明	354	32	70 以上

从表 3-19 可以看出,不同的城市,年平均的空气质量水平差异很大。以石家庄和昆明两座城市为例,石家庄的 PM 2.5 的年均值为昆明的 4 倍,而最高值也达到 5 倍以上,因此,对于同样面积的房间,如要实现同样的净化效果,石家庄的消费者显然应该选择 CADR 更大的机器。

第 15 章　附录 G(资料性附录)
累积净化量与净化寿命的换算方法

G.1　概述

本附录规定了净化器去除颗粒物和甲醛时,其累积净化量换算成净化寿命的近似方法。

本附录中的净化寿命是基于净化器去除特定的烟尘颗粒物和单一气态污染物(甲醛)累积加速试验,并通过近似算法获得的,仅作为实际使用情况的参考。

▷ **理解要点:**

(1)本附录演示了如何将累积净化量 CCM 值换算成产品(滤材)的"净化寿命"。

(2)本附录中的计算只是在理想状态下推导出的理论净化寿命值;在实际使用过程中,基于各种因素的复杂影响,机器(滤材)的实际使用寿命,可能会有偏差。

(3)通过模型建立的算法,只是一种理想的算法;以此作为实际"使用寿命"的折算,只可为消费者在使用空气净化器时提供参考。

G.2 颗粒物的累积净化量与净化寿命的换算

G.2.1 换算依据

对于颗粒物污染物,忽略室内污染源,质量守恒方程(F.1)可用式(G.1)表示:

$$\frac{\mathrm{d}c}{\mathrm{d}t} = k_v P_p c_{out} - (k_0 + k_v)c - \frac{Q}{S \times h} \times c \quad\cdots\cdots\cdots\cdots\cdots\cdots (G.1)$$

根据式(G.1)可以得出稳态条件下,工作 t 小时,净化器处理的颗粒物质量:

$$m_{AC} = [k_v P_p c_{out} - (k_0 + k_v)c_t] S \times h \times t \quad\cdots\cdots\cdots\cdots (G.2)$$

其中 c_t 是净化器工作时,稳态情况下室内空气颗粒物污染物的质量浓度,应满足 $c_t \leqslant 35\ \mu g/m^3$。

使用净化器时,当房间面积 S 确定时,首先根据式(G.3)选择洁净空气量合适的净化器:

$$Q \geqslant \frac{[P_p k_v c_{out} - 35(k_0 + k_v)]h \times S}{35} \quad\cdots\cdots\cdots\cdots\cdots\cdots (G.3)$$

同时,得出为了将室内颗粒物浓度水平维持在 $35\ \mu g/m^3$ 以下,净化器工作 t 小时后,至少处理的颗粒物质量为:

$$m_{AC} \geqslant [k_v P_p c_{out} - 35(k_0 + k_v)] S \times h \times t \quad\cdots\cdots\cdots\cdots\cdots\cdots (G.4)$$

G.2.2 取值、计算和举例

G.2.2.1 取值

式(G.4)中的参数取值:
——建筑物的换气次数 k_v 取 $0.6\ h^{-1}$;
——颗粒物污染物的自然沉降率 k_0 取 $0.2\ h^{-1}$;
——建筑物对颗粒物的穿透系数 P_p 取 0.8;
——净化器运行时间 t 取 $12\ h$;
——房间高度 h 取 $2.4\ m$;
——室外颗粒物浓度近似采用室外细颗粒物的质量浓度。

G.2.2.2 计算

通过对上述参数的选取,根据式(G.4),可以计算出不同使用面积下,污染物不同负载浓度下的日均处理量。

G.2.2.3 举例

当居室的换气率为 $0.6\ h^{-1}$,将室内污染物维持在 $35\ \mu g/m^3$,达到 12 h 后,净化器至少应处理的颗粒物质量,见表 G.1。

表 G.1

单位为毫克

净化器使用面积 m²	室外颗粒物质量浓度 c_{out}/(μg/m³)						
	100	150	200	250	300	350	400
10	6	13	20	26	33	40	47
15	9	19	29	40	50	60	71
20	12	25	39	53	67	81	94
25	14	32	49	66	84	101	118
30	17	38	59	79	100	121	142
35	20	44	69	93	117	141	165
40	23	51	78	106	134	161	189
45	26	57	88	119	150	181	213
50	29	63	98	132	167	202	236

注 1：室外（大气环境）颗粒物的质量浓度近似采用当地官方公布的细颗粒物的质量浓度（环境空气质量指数）。

注 2：表 G.1 的应用示例：如果，附录 D 测试出的净化器对颗粒物的累积净化量的区间分档为 P3，净化器的使用面积为 20 m²，且室外污染物浓度为 300 μg/m³ 的情况下，表 G.1 对应的日均处理量为 67 mg，则净化器在此环境下可工作 8 000/67～12 000/67≈119～179 天，即大约为 5 个月左右。上述估算值是基于净化器的 CADR 初始值得出的，实际使用中，随着 CADR 衰减，净化器工作状态下的"平衡浓度"有可能高于 GB/T 18883 规定的室内污染物浓度水平要求。

注 3：如果净化器每日工作时间小于或大于 12 h，应适当减小或增加表 G.1 中的数值。

▷ **理解要点：**

（1）估算净化器对净化颗粒物的实际使用寿命，以实际使用空间和颗粒物的负载浓度做为主要考虑因素，同时加上净化器的累积工作时间。

（2）对于大气环境污染中细颗粒物（PM 2.5）超标污染（雾霾），可根据每天"大气环境指数"估算出负载强度（这时的污染源主要来自室外），以及净化器累积工作的去除量。

（3）由于每天的"大气环境指数"均会不同，且每天净化器的工作时间也会不一样，经过累积，可以得出"使用寿命"（滤材更换）的大致时间。

（4）如果空气净化器的使用面积大于 50 m²，可根据标准中式（G.4）推算出对应的日均处理量，式（G.4）中的参数应酌情选择。

G.3 甲醛的累积净化量与净化寿命的换算

G.3.1 换算依据

对于气态污染物(甲醛),式(G.1)同样适用,可用式(G.5)表示:

$$\frac{dc}{dt} = E' - (k_0 + k_v)c - \frac{Q}{S \times h} \times c \quad\cdots\cdots\cdots\cdots\cdots\cdots\cdots(\text{G.1})$$

式中:

E'——单位空间,甲醛发生源的释放速率,单位为毫克每立方米小时[mg/(m³·h)];

k_0——为甲醛的自然衰减率,近似为 0。

不使用净化器时,根据式(G.5)可以得出,稳态条件下单位空间甲醛发生源的释放速率为:

$$E' = k_v c_0 \quad\cdots\cdots\cdots\cdots\cdots\cdots\cdots\cdots\cdots\cdots(\text{G.6})$$

式中:

c_0——净化器不工作时,室内关闭门窗的情况下,甲醛的稳定浓度,单位为毫克每立方米(mg/m³)。

根据式(G.5)、式(G.6)可以得出空气净化器工作时,稳态情况下,室内气态污染物的质量浓度:

$$c_t = \frac{k_v c_0}{k_v + Q/(S \times h)} \quad\cdots\cdots\cdots\cdots\cdots\cdots\cdots(\text{G.7})$$

室内空气的最高甲醛含量应低于 GB/T 18883 规定的限值,对于甲醛来说,$c_t \leqslant 0.10$ mg/m³。

据此,可以得出使用净化器时,当房间面积 S 确定时,应根据式(G.8)选择洁净空气量合适的净化器。

$$Q \geqslant (10 c_0 - 1) k_v \times h \times S \quad\cdots\cdots\cdots\cdots\cdots\cdots(\text{G.8})$$

同时,根据式(G.5)、式(G.6)可以得出,为了将室内气态污染物(甲醛)浓度水平维持在 0.1 mg/m³ 以下,工作 t 小时,净化器至少应处理的甲醛质量:

$$m_{AC} \geqslant k_v (c_0 - 0.1) S \times h \times t \quad\cdots\cdots\cdots\cdots\cdots(\text{G.9})$$

G.3.2 取值、计算和举例

G.3.2.1 取值

式(G.9)中的参数取值:

——建筑物的换气次数 k_v 取 0.6 h⁻¹;

——室内甲醛污染物的本底浓度 c_0 应根据 GB/T 18883 的相关规定进行测量;

——使用净化器后的室内甲醛稳态浓度 c_t,应符合 GB/T 18883 的要求,取 0.10 mg/m³;

——房间高度 h 取 2.4 m。

G.3.2.2 计算

通过对上述参数的选取,根据式(G.9),可以计算出不同使用面积下,污染物不同负载浓度下的日均处理量。

G.3.2.3 举例

净化器将室内甲醛维持在 0.10 mg/m³ 达到 12 h 后,净化器至少应处理的甲醛质量,见表 G.2。

表 G.2				单位为毫克
空气净化器使用面积 m²	室内甲醛的初始稳定浓度 $c_0/(mg/m^3)$			
	0.15	0.2	0.25	0.3
10	9	17	26	35
15	13	26	39	52
20	17	35	52	69
25	22	43	65	86
30	26	52	78	104
35	30	60	91	121
40	35	69	104	138

注1：本表清单针对甲醛的释放量（释放速率）选取"较不利原则"。

注2：表 G.2 的应用示例：假设，附录 E 测试出的净化器对甲醛的累积净化量的区间分档为 F3，净化器的使用面积为 20 m²，且室内本底浓度为 0.2 mg/m³，表 G.2 中对应的日均处理量为 35 mg，净化器可工作 1 000/26～1 500/26≈29～43 天，即大约为 1 个月左右。上述估算值是基于净化器的 CADR 初始值得出的，实际使用中，随着 CADR 衰减，净化器工作状态下的"平衡浓度"有可能高于 GB/T 18883 规定的室内污染物浓度水平要求。

注3：如果净化器每日工作时间小于或大于 12 h，应适当减小或增加表 G.2 中的数值。

▷ 理解要点：

（1）估算净化器对气态污染物（如甲醛）的实际使用寿命，以实际使用空间和目标污染物的负载浓度为主要考虑因素，同时加上净化器的累积工作时间。

（2）对于室内的化学污染物（如甲醛）超标污染（污染源在室内），应先确定室内化学污染物的种类和浓度指标（最好通过专业部门测试），在此计算出并确定净化器的净化能力；并根据其对特定目标污染物的"累积净化量"CCM，估算出每天工作期间可以去除多少目标污染物（如甲醛）的质量。

（3）上述计算均是在"单一目标污染物"环境下得出的，实际生活中，家庭居室内的化学污染物成分复杂，此时通过对特定目标污染物（如甲醛）的累积净化量 CCM 推算出的实际使用天数，仅供参考。

第16章　附录 H（资料性附录）
风道式净化装置的净化能力试验方法

H.1　范围

本附录规定了评价风道式净化装置净化效果的测试装置、测试方法和测试结果处理方法。

本附录适用于安装在空调通风管道内的模块式空气净化器。

目标污染物为颗粒物、气态污染物、微生物。

测试装置参照 GB/T 2624.1 和 GB/T 1236。测试装置系统图及主要部件构造图见图 H.1 和图 H.2。

测试装置主要包括:风道系统、污染源发生装置和测定装置 3 部分;测试装置的结构允许有所差别,但测试条件应和本标准的规定一致。

H.2 术语和定义

H.2.1

一次净化效率 one-time purification efficiency

测试装置的上、下风侧污染物浓度之差与上风侧浓度之比。

注:以百分数(%)表示。

H.3 测试设备

H.3.1 装置的一般要求

测试装置主要包括:风道系统、污染源发生装置和测量装置及仪表 3 部分。管段可拐弯或折迭,但拐弯处前后需保留至少 3 倍管径的直管段,以保证气流稳定。测试装置的结构允许有所差别,但测试条件应和本标准的规定一致,同一被测净化器的测试结果应与本标准测试装置的测试结果一致。

测试装置系统图及主要部件构造图见图 H.1~图 H.4。

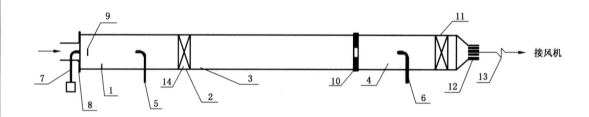

说明:

1~4	——风管段;	10	——风量测量装置;
5	——上游采样管;	11	——空气净化器;
6	——下游采样管;	12	——整流隔栅;
7	——污染物发生装置;	13	——接风机;
8	——混合口;	14	——被测净化器。
9	——穿孔板;		

图 H.1 测试风道示意图(加温湿度控制系统 AHU)

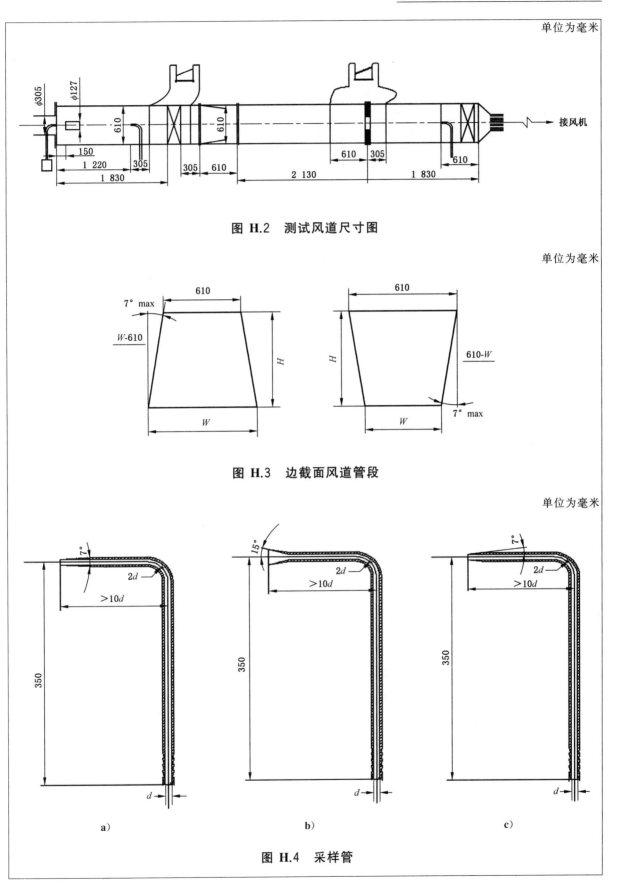

单位为毫米

接风机

图 H.2　测试风道尺寸图

单位为毫米

图 H.3　边截面风道管段

单位为毫米

a)　　　　　　　　　b)　　　　　　　　　c)

图 H.4　采样管

图 3-32　风道式净化装置测试试验装置的实物图

H.3.2　风道系统

H.3.2.1　构造

　　风道系统的构造及尺寸见图 H.1～图 H.4。风道系统的制作与安装要求应符合 GB 50243。各管段之间连接时,任何一边错位不应大于 1.5 mm。整个风道系统要求严密,投入使用前应进行打压检漏,其压力应不小于风道系统风机额定风压的 1.5 倍。连接管段和测试应符合下述要求:

　　a)　用以夹持受试净化器的管段长度应为受试净化器长度的 1.1 倍,且不小于 1 000 mm。当受试净化器截面尺寸与测试风道截面不同时,应采用变径管,其尺寸如图 H.3;

　　b)　测定计数效率时,采样管的安装孔应设在图 H.1 中管段 1、6 的下方;

　　c)　测定净化器阻力用的静压环和整流格栅(图 H.1 中 12)的构造应符合 GB/T 1236 的要求。

　　应使气流完全通过受试净化器,不产生气流短路现象,如采用变径管或封板方式等。

▶ **理解要点:**

　　应使气流完全通过受试净化器,不产生气流短路现象。风管必须通过工艺性的检测或验证,其强度和严密性要求应符合设计或下列规定:

　　① 风管的强度应能满足在 1.5 倍工作压力下接缝处无开裂;

　　② 净化装置检测中风管的允许漏风量按高压风管的允许漏风量设计:

$$高压系统风管\ QH \leqslant 0.0117P0.65$$

　　式中,QH 为高压系统风管在相应工作压力下,单位面积风管单位时间内的允许漏风量$[m^3/(h \cdot m^2)]$;P 指风管系统的工作压力(Pa)。

　　检查数量:按风管系统的类别和材质分别抽查,不得少于 3 件及 15 m^2。

　　检查方法:检查产品合格证明文件和测试报告,或进行风管强度和漏风量测试。

　　风道式净化装置测试试验装置的试验图如图 3-32 所示。

H.3.2.2 测试用空气的引入

测试用空气的引入应符合下述要求：

a) 测试用空气应保证洁净,风道中污染物的背景浓度不应超过标准浓度的5%;

b) 风道应在吸入口设保护网和静压室。静压室的尺寸不小于2 m×2 m×2 m,但其容积应不大于10 m³;

c) 静压室入口应安装两级空气过滤器,确保进入风道的空气洁净;

d) 当室外空气温度低于5 ℃或相对湿度大于75%时,可以采用加热方式来提高温度或降低相对湿度,保证温度范围为5 ℃～35 ℃,相对湿度0～75%。

H.3.2.3 排气

风道系统的排气经过处理后排至室外,或排入风道系统吸入口以外的房间。

H.3.2.4 隔震

风道系统应与风机或试验室内其他震源隔离。

H.3.3 污染源发生器

污染源发生器应满足下述规定：

a) 试验用污染物发生源应可以稳定连续发生污染物。

b) 要保证发出污染物的浓度为标准浓度5倍左右,波动不超过±0.1倍标准浓度。

不同类型的污染源发生装置应符合下述要求：

1) 化学污染源发生装置

参照附录C中发生装置规定,能够发生满足测试的起始浓度的设备;

2) 颗粒物污染源发生装置

按照GB/T 14295空气过滤器标准中规定的,用气溶胶发生器发生氯化钾气溶胶作为污染源;

3) 微生物污染源发生装置

见GB 21551.3—2010。

▷ **理解要点：**

试验气溶胶为多分散固相氯化钾(KCl)粒子。气溶胶发生器结构和工作原理应符合GB/T 14295中附录D的要求。

(1)气溶胶发生装置应能提供0.3 μm～10 μm粒径范围内稳定的气溶胶。气溶胶的浓度不应超过粒子计数器的浓度上限。

(2)要保证氯化钾粒子被引入试验管道之前是干燥的。

(3)试验中发生的固相氯化钾粒子的粒径分布应满足表3-20的要求。

(4)气溶胶发生器的原理图和实物图见图3-33(a)、(b)。

表 3-20　气溶胶粒径分布表

粒径分布/μm			
0.3～0.5	0.5～1.0	1.0～2.0	＞2.0
(65±5)%	(30±3)%	(3±1)%	＞1%

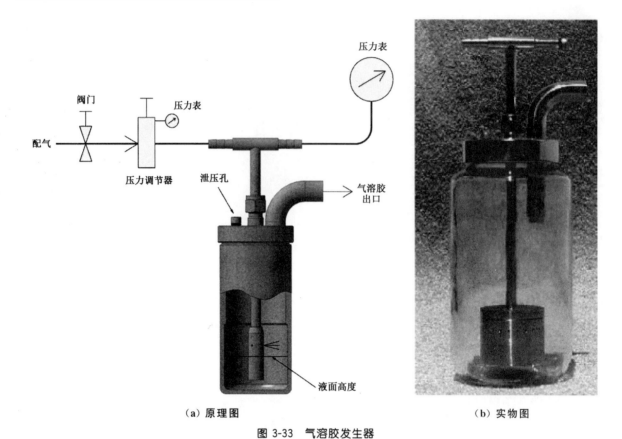

（a）原理图　　　　　　　　　　（b）实物图

图 3-33　气溶胶发生器

H.3.4　测定装置和仪表

H.3.4.1　通用要求

测定用的仪器仪表均应按有关标准或规定进行标定或校正。

H.3.4.2　风量测定

风量测定装置一般采用标准孔板或标准喷嘴等节流装置连接微压计进行测定。节流装置的设计和安装可参照 GB 2624.1 和 GB/T 1236。微压计的分度值应不大于 2 Pa～5 Pa,风量小时用分度值小的微压计,风量大时用分度值大的微压计。

H.3.4.3　阻力测定

将图 H.1 中管段 1、3 上的静压环用软管连接到微压计上进行测定。微压计分度值应不大于 2 Pa。

H.3.4.4　一次性效率的测定

由图 H.1 中的上、下风侧采样管 5 和 6 用软管分别接到两台大气采样器上进行测定。

采样管、连接软管、大气采样器的连接应符合下述要求:

a）采样管

采样管应是内壁光滑、干净的管子,材料为不锈钢或聚四氟乙烯,其构造如图 H.4。采样管口部直径的选择应考虑近似等动力流的条件,即采样管口的吸入速度与风道内风速应近似,最大偏差应小于±10％。当风道内风速与采样管口速度近似时,采样管采用图 H.4a)型式;当风道内风速低于采样管口速度时,采样管采用图 H.4b)型式;当风道内风速高于采样管口速度时,采样管采用图 H.4c)型式;

b)　连接软管

连接采样管与大气采样器的连接管应是干净的无接头软管。连接管应尽可能短，一般不应超过1.5 m，其水平段一般不超过 0.5 m；

c)　大气采样器

化学污染物一般采用恒流大气采样器，采样范围 0.1 L/min～10 L/min，连续可调。生物污染物采用撞击式空气微生物采样器(捕获率≥95％)，采样流量 28.3 L/min，可调节精度≤5％。

H.4　试验条件

试验用空气相对湿度低于或等于75％，(加温湿度控制系统，AHU)空气温度高于或等于 5 ℃，经过处理后应满足 H.3.2.2 的规定。

试验用化学污染物浓度满足 H.3.3 的规定。

H.5　测试方法

H.5.1　风量和阻力关系的测定

H.5.1.1　风量测定

一般采用节流装置和常规方法进行测定(见 H.3.4)，其风道尺寸应符合图 H.2 的规定。

H.5.1.2　阻力测定

将图 H.1 管段1、3上的静压环连接到微压差计上进行测定。未使用过的受试净化器阻力，至少应在额定风量的 50％、75％、100％和125％四种风量下测定，以求得受试净化器的风量与阻力关系曲线。确保受试净化器安装边框处不发生泄漏，启动风机，用微压计测出 50％、75％、100％和125％额定风量下的阻力，并绘制风量阻力曲线。

H.5.2　一次净化效率的测定

一次净化效率的测定应符合下述要求：
a)　在额定风量下，一般用两台大气采样器同时测出受试净化器上、下风侧污染物浓度；
b)　确保受试净化器安装边框处不发生泄漏；
c)　启动风机，检查是否保持受试净化器的额定风量；
d)　在发生试验用污染物之前应测量背景浓度，至少采样一次，每次采样时间 10 min。生物污染物采样时间为 5 min～15 min；
e)　背景浓度采样完成后，开始发生污染物，测定发生污染物浓度是否稳定。测试受试段进口处的污染物浓度(每 5 min 采集一次，持续 30 min)，得到一组以 X 代表时间、Y 代表进口浓度的数据，拟合成一条直线，则有斜率 a 和截距 b。

$$a = \frac{\sum_{i=1}^{n}(X_i - \overline{X})(Y_i - \overline{Y})}{\sum_{i=1}^{n}(X_i - \overline{X})^2}, b = \overline{Y} - a\overline{X} \quad \cdots\cdots(H.1)$$

式中：

n ——数据点数；

$\overline{X}$ —— X 的平均值；

$\overline{Y}$ —— Y 的平均值。

直线的标准偏差可由式（H.2）计算：

$$s = \sqrt{\frac{\sum\limits_{i=1}^{n}(Y_i - aX_i - b)^2}{n-2}} \qquad \cdots\cdots\cdots\cdots\cdots\cdots (H.2)$$

斜率 a 的不确定度由式（H.3）计算：

$$s_a = \frac{s}{\sqrt{\sum\limits_{i=1}^{n}(X_i - \overline{X})^2}} \qquad \cdots\cdots\cdots\cdots\cdots\cdots (H.3)$$

以自由度为 $n-2$ 和 $p=0.95$（95％置信水平）的学生 t-分布，检验进口浓度的稳定性，如式（H.4）：

$$|a| < t_{0.95,n-2}s_a \qquad \cdots\cdots\cdots\cdots\cdots\cdots (H.4)$$

若上式成立，则表示进口浓度稳定。可以开始试验；

f) 待污染物发生浓度稳定时，将受试净化器（或部件）放入风道中，稳定 5 min 后，采用便携直读仪器辅助监测出口污染物浓度变化。当便携直读仪器监测出口污染物浓度趋于稳定后，上、下风侧用大气采样器正式采样。开始同时测试净化器进口和出口的污染物浓度（每 5 min 采集一次，持续 30 min）。并使用 d）中所述方法检验出口污染物浓度的稳定性，当检验出口浓度稳定后，使用式（H.5）计算一次通过净化效率，小数点后取一位数：

$$E_i = \left(1 - \frac{\overline{N}_{2i}}{\overline{N}_{1i}}\right) \times 100\% \qquad \cdots\cdots\cdots\cdots\cdots\cdots (H.5)$$

式中：

E_i ——污染物一次性净化效率；

$\overline{N}_{1i}$ ——上风侧污染物浓度的平均值；

$\overline{N}_{2i}$ ——下风侧污染物浓度的平均值。

g) 所测得的一次效率值的相对标准偏差应小于±10％。

第17章　参考文献

按照国家标准规定，标准制定中的内容涉及参考引用的相关技术文件，将以"参考文献"的形式列出，并附在标准后面。

本标准中没有明确严格引用、但相关内容涉及到的有关标准和技术文件如下：

[1] GB/T 1236　工业通风机　用标准化风道进行性能试验

[2] GB/T 2624.1　用安装在圆形截面管道中的差压装置测量满管流体流量　第1部分：一般原理和要求

[3] GB 3095—2012　环境空气质量标准

[4] GB/T 14295　空气过滤器

[5] GB 18580—2001　室内装饰装修材料　人造板及其制品中甲醛释放限值

[6] GB 50243　通风与空调工程施工质量验收规范

[7] GB 50736—2012　民用建筑供暖通风与空气调节设计规范

[8] HJ 633—2012　环境空气质量指数（AQI）技术规定

[9] WS 394—2012　公共场所集中空调通风系统卫生规范

[10] JG/T 294—2010　空气净化器污染物净化性能测定

［11］ IEC/PAS 62587 Method for measuring performance of portable household electric room air cleaners

［12］ ANSI/AHAM AC-1-2006 Association of Home Appliance Manufacturers Method for Measuring Performance of Portable Household Electric Room Air Cleaners

［13］ AHAM AC-3-2009 Method for Measuring the Performance of Portable Household Electric Room AirCleaners Following Accelerated Particulate Loading

［14］ JEM 1467—2013 家庭用空气净化器

［15］ 中国室内环境与健康研究进展报告 2013-2014

［16］ NRC-CNRC Portable Air Cleaner Protocol Evaluation Research Report ♯ 311

具体的涉及关系：

（1）第3章、附录F和附录G涉及：

　　［3］ GB 3095—2012 环境空气质量标准

（2）附录A、附录B和附录C涉及：

　　［11］ IEC/PAS 62587 Method for measuring performance of portable household electric room air cleaners

　　［12］ ANSI/AHAM AC-1-2006 Association of Home Appliance Manufacturers Method for Measuring Performance of Portable Household Electric Room Air Cleaners

　　［13］ AHAM AC-3-2009 Method for Measuring the Performance of Portable Household Electric Room Air Cleaners Following Accelerated Particulate Loading

　　［14］ JEM 1467-2013 家庭用空气净化器

　　［16］ NRC-CNRC Portable Air Cleaner Protocol Evaluation Research Report ♯ 311

（3）附录E涉及：

　　［5］ GB 18580—2001 室内装饰装修材料 人造板及其制品中甲醛释放限值

（4）附录F和附录G涉及：

　　［15］ 中国室内环境与健康研究进展报告 2013-2014

（5）附录G涉及：

　　［8］ HJ 633—2012 环境空气质量指数（AQI）技术规定

　　［9］ WS 394—2012 公共场所集中空调通风系统卫生规范

（6）附录H涉及：

　　［1］ GB/T 1236 工业通风机 用标准化风道进行性能试验

　　［2］ GB/T 2624.1 用安装在圆形截面管道中的差压装置测量满管流体流量 第1部分：一般原理和要求

　　［4］ GB/T 14295 空气过滤器

　　［6］ GB 50243 通风与空调工程施工质量验收规范

第四部分

试验报告示例

GB/T 18801 《空气净化器》符合性
报告组成

一、委托方、检测机构信息

二、样品信息及照片

三、报告基本内容

表1　试验结果汇总列表

表2　颗粒物洁净空气量(CADR)、净化能效试验数据

表3　甲醛(或其他气态污染物)洁净空气量(CADR)及净化能效试验数据

表4　颗粒物累积净化量(CCM)及试验数据

表5　甲醛累积净化量(CCM)及试验数据

表6　噪声试验数据

四、试验设备、仪器、标准物质等

附表1　净化器关键元件表

附表2　标准物质表

附表3　试验仪器设备清单

五、第三方相关声明(联系方式、报告有效期等信息)

GB/T 18801　空气净化器符合性测试表

表 1　试验结果汇总列表

章条	检验项目		单位	实测值	标称值	限定值		判定
5.1	有害物质释放量	臭氧浓度(24 h)	%	—	—	$\leqslant 5\times10^{-6}$		—
		臭氧浓度(出风口 5 cm 处)	mg/m³	—	—	$\leqslant 0.10$		—
		紫外线强度(装置周边 30 cm 处)	μW/cm²	—	—	$\leqslant 5$		—
		TVOC 浓度(出风口 20 cm 处)	mg/m³	—	—	$\leqslant 0.15$		—
		PM10 浓度(出风口 20 cm 处)	mg/m³	—	—	$\leqslant 0.07$		—
5.2	待机功率		W			$\leqslant 2.0$		
5.3	洁净空气量 CADR	颗粒物	m³/h			≥标称值的 90%		
		甲醛						
		其他化学污染物(如甲苯)						
5.4	累积净化量 CCM	颗粒物	区间分档			与标称区间一致		
		甲醛						
5.5	净化效能 η	输入功率	W					
		颗粒物	m³/(h·W)			≥标称值的 90% η≥2.00		
		甲醛				≥标称值的 90% η≥0.50		
		其他化学污染物(如甲苯)						
5.6	噪声		dB(A)			CADR_max≤150	≤55	
						150<CADR_max≤300	≤61	
						300<CADR_max≤450	≤66	
						CADR_max>450	≤70	
						与标称值的允差不大于+3 dB(A)		
5.7	微生物去除	抗菌率 大肠埃希氏菌	%	—	—	≥90%		
		抗菌率 金黄色葡萄球菌	%	—	—			
		防霉等级	等级	—	—	1级或0级		
		除菌率 白色普通球菌	%	—	—	≥50%		

试验说明:

1. 本报告中"通过"表示该项试验方法/试验结果符合标准要求;

　"合格"表示该章结果符合标准要求;

　"不通过"表示该项试验方法/试验结果不符合标准要求;

　"不合格"表示该章试验结果不符合标准要求;

　"—"表示该项要求:[　]不适用/[　]此次未进行检验(请在相应选项前打勾)。

表 2　颗粒物洁净空气量(CADR)、净化能效试验数据

取样点序号	时间点/min	自然衰减 浓度/(个/L)	总衰减 浓度/(个/L)	拟合曲线
1	0			
2	2			
3	4			
4	6			
5	8			
6	10			
7	12			
8	14			
9	16			
10	18			
11	20			
衰减系数/min^{-1}		$k_n = 0.001\,26$	$k_e = 0.124\,19$	
R^2		0.999 9	0.999 9	
CADR/(m^3/h)		130.2		
输入功率/W		50		
净化能效		$\eta_{颗粒物} =$　　　　(m^3/(h·W))		分等分级:高效级

拟合曲线图:

自然衰减测试
$y = 21\,631e^{-0.00x}$
$R^2 = 0.994$
◆ 测点浓度
—— 指数趋势线

总衰减测试
$y = 28\,879e^{-0.12x}$
$R^2 = 0.980$
◆ 测点浓度
—— 指数趋势线

试验说明:

1. 测试程序:

2. 测试条件:

　环境温湿度:

　试验舱本底浓度:

3. 测试物质:

4. 试验设备:仪器名称、精度等。

5. 试验评价说明:(k_e 值、拟合度)

6. 能效水平:

净化能效等级	净化能效 $\eta_{颗粒物}$/(m^3/(W·h))
高效级	$\eta \geqslant 5.00$
合格级	$2.00 \leqslant \eta < 5.00$

表 3 甲醛(或其他气态污染物)洁净空气量(CADR)及净化能效试验数据

取样点序号	时间点 min	取样范围 min	自然衰减 浓度/(mg/m³)	总衰减 浓度/(mg/m³)	拟合曲线
1	0	—			
2	2.5	(0~5)			
3	5.5	(3~8)			
4	8.5	(6~11)			
5	11.5	(9~14)			
6	14.5	(12~17)			
7	17.5	(15~20)			
8					
9					
10					
衰减系数/min⁻¹			$k_n = 0.001\ 26$	$k_e = 0.124\ 19$	
R^2			0.999 9	0.999 9	
CADR/(m³/h)					
输入功率/W			50		
净化能效			$\eta_{颗粒物} =$ (m³/(h·W))		分等分级:高效级

试验说明:

1. 测试程序:

2. 测试条件:

　　环境温湿度:

　　试验舱本底浓度:

3. 试验物质:

4. 试验仪器

　　分析方法:酚试剂法

5. 试验评价说明:

6. 能效水平:

净化能效等级	净化能效 $\eta_{气态污染物}$/(m³/(W·h))
高效级	$\eta \geqslant 1.00$
合格级	$0.50 \leqslant \eta < 1.00$

表 4 颗粒物累积净化量(CCM)及试验数据

序号	累积消耗的香烟数量（支）	当日的点烟器 PM 2.5有效发生量（mg/支）	累积消耗的香烟 PM 2.5总量 mg	颗粒物洁净空气量（m³/h）	R^2
1	0	—	0	278.4	
2	100	29	2 900	247.9	
3	200	27	5 600	227.9	
4	300	25	8 100	182.1	
5	400	25	10 600	141.9	
6					
7					
8					
拟合曲线					
$CCM_{颗粒物}$/mg	当 y＝初始洁净空气量的 50％＝278.4×0.5＝139.2(m³/h)时,对应 x 为 10 260 mg;$CCM_{颗粒物}$＝10 260 mg				
区间分档	P3				

试验说明：

1. 测试程序：最高档。
2. 测试条件：

　加速试验舱：3 m³

3. 区间分档：

区间分档	$CCM_{颗粒物}$ mg
P1	3 000≤CCM＜5 000
P2	5 000≤CCM＜8 000
P3	8 000≤CCM＜12 000
P4	12 000≤CCM

表5　甲醛累积净化量(CCM)及试验数据

序号	加速寿命的累积添加量	CADR 每次测试时甲醛投入量	加速寿命的累积添加量＋CADR 测试用的累积添加量	CADR	R^2	与初始值的百分比值
	mg(气体)	mg(气体)	mg(气体)	m^3/h	—	
1	0	30	30	—		—
2	0	30	60	100.0		100％
3	210	30	300	80.0		80％
4	270	30	600	60.0		60％
5	370	30	1 000	55.0		55％
6	470	30	1 500	48.0		48％
$CCM_{甲醛}$/mg	1 000≤$CCM_{甲醛}$＜1 500					
区间分档	F3					

试验说明:

1. 测试程序:最高档。

2. 测试条件:

　加速试验舱:3 m^3

3. 区间分档:

区间分档	$CCM_{甲醛}$ mg
F1	300≤CCM＜600
F2	600≤CCM＜1 000
F3	1 000≤CCM＜1 500
F4	1 500≤CCM

表 6　噪声试验数据

布点方法		器具种类		包络面	布点数量	本次使用(√)
	落地式/台式	各边长均不超过 0.7 m		半球面	十点	
		任一边长大于 0.7 m		矩形六面体	九点	
	壁挂式			矩形六面体	六点	
试验条件	试验电压		V	试验频率		Hz
	相对湿度		%	大气压		kPa
	温度		℃	本底噪声		dB(A)
	检测程序/档位			检测运行时间		

试验结果	$L_p =$　　　　dB(A) $S =$　　　　m^2 $L_w = l_p + 10\lg\left(\dfrac{S}{S_0}\right) =$　　　　dB(A)

试验说明：

　1.测试程序：

　2.测试条件：

　3.试验设备：

　4.试验结果说明：

附表1　净化器关键元件表

序号	名称	型号/规格	制造商	功能
1	电动机			
2	过滤网			
3	负离子发生器			
4				
5				

附表2　标准物质表

序号	名称	参数	制造商	本次使用(√)
1	试验舱	容积、泄漏率、混合度……		
2	甲醛	分析纯……		
3	香烟	红塔山……		
4	细菌			
5	消音室			

附表3　试验仪器设备清单

序号	名称	型号	编号	校准有效期至	本次使用(√)
1	大气采样器				
2	激光粒子计数器				
3	分光光度计				
4					
5					

第五部分

空气净化器选购使用常识

一、关于空气质量的常识问答

1. 什么是"PM2.5"？

PM 英文全称为 particulate matter(颗粒物)，是评价空气质量的重要指标。PM 包括 PM2.5(大气中颗粒物粒径小于 2.5 μm 的可入肺颗粒物，在新版国家标准 GB 3095《环境空气质量标准》中，将"PM2.5"正式命名为"细颗粒物"。该标准还根据颗粒物的浓度转化得到相应的指数(如 PM2.5 空气质量指数、PM10 空气质量指数表示颗粒物污染的严重程度)，指数越高，污染越严重。

PM 颗粒虽直径微小，但却可携带大量的有毒、有害物质，经呼吸进入人体后，会对健康产生潜移默化的影响。PM 直径越细小对人体危害越大。PM2.5 又称为入肺颗粒物，指空气动力学当量直径在 2.5 μm 以下的颗粒物，能直接沉积在呼吸道深部的肺泡内。PM2.5 细颗粒物粒径小，比表面积大于 PM10，更易吸附有毒、有害的物质且在大气中的停留时间长、输送距离远。由于体积更小，PM2.5 具有更强的穿透力，可能抵达细支气管壁，并干扰肺内的气体交换，因而对人体健康和大气环境质量的影响更大。室外大气颗粒物的研究已证实大气 PM2.5 暴露与人群呼吸系统和心血管系统疾病的发病率和死亡率密切相关。世界卫生组织(WHO)发布的《空气质量准则》(2006 年)指出：PM 的日均值浓度每升高10 $\mu g/m^3$，死亡率增加约 0.5%；当 PM 浓度达到 150 $\mu g/m^3$ 时，预期死亡率会增加 5%。有研究表明，室内 PM2.5 的污染水平可能会远远高于室外。另外，PM2.5 驻留空间时间很长，并能扩散到较远的地方，因此影响范围较大。而现在的研究已表明，PM2.5 对人体健康的危害要更大，因为粒径越小，进入呼吸道的部位越深。PM10 颗粒物通常沉积在上呼吸道，而 PM2.5 则可深入到细支气管和肺泡，直接影响人体肺的通气功能，使机体容易处在缺氧状态。而且这种细颗粒物一旦进入肺泡，吸附在肺泡上很难掉落，而且，这种吸附作用是不可逆的。WTO 制定的 PM2.5 和 PM10 标准值和目标值见表 5-1。

表 5-1　WHO 制定的 PM 2.5和 PM10 标准值和目标值

项目		统计方式	PM10 ($\mu g/m^3$)	PM2.5 ($\mu g/m^3$)	选择浓度的依据
目标值	IT-1	年均浓度	70	35	相对于标准值而言，在这个水平的长期暴露会增加约 15% 的死亡风险
		日均浓度	150	75	以已发表的多项研究和 Meta 分析中得出危险系数为基础(短期暴露会增加约 5% 的死亡率)
	IT-2	年均浓度	50	25	除了其他健康利益外，与 IT-1 相比，在这个水平的暴露会降低约 6% 的死亡风险
		日均浓度	100	50	以已发表的多项研究和 Meta 分析中得出的危险系数为基础(短期暴露会增加 2.5% 的死亡率)
	IT-3	年均浓度	30	15	除了其他健康利益外，与 IT-2 相比，在这个水平的暴露会降低约 6% 的死亡风险
		日均浓度	75	37.5	以已发表的多项研究和 Meta 分析中得出的危险系数为基础(短期暴露会增加 1.2% 的死亡率)
标准值		年均浓度	25	10	对于 PM2.5 的长期暴露，这是一个最低安全水平，在这个水平，总死亡率、心肺疾病死亡率和肺癌死亡率会增加(95% 以上可信度)
		日均浓度	50	25	建立在 24 h 和年均暴露安全的基础上

2. PM2.5 和"空气质量指数"是什么关系？

按照国家对空气质量分季度标准,PM2.5 和 PM10 与 SO_2、NO_2、O_3、CO 等作为 6 种参与评价的污染物,可以通过公式计算转化得到"空气质量指数"(Air Quality Index,简称 AQI),它表征整体的空气污染程度。由于 AQI 评价的 6 种污染物浓度限值各有不同,在评价时各污染物都会根据不同的目标浓度限值折算成"空气质量分指数",即 IAQI。

空气质量按照"空气质量指数"AQI 的大小强弱分为六级,即相对应空气质量的 6 个类别,AQI 指数越大、级别越高说明污染的情况越严重,对人体的健康危害也就越大。其中,污染严重的等级为 AQI 为 301~500,对应的空气质量评价为 Hazardous(危险级),目前国家标准中对空气质量指数 AQI 设定的最高值就是 500。超过 500,就是所谓的"爆表"了。

有关"空气质量指数"AQI 和"空气质量分指数"IAQI 对应的污染物项目浓度限值和空气质量级别对健康的影响,国家环境标准 HJ 633—2012 中给出了详细信息,见表 5-2 和表 5-3。

表 5-2 空气质量分指数及对应的污染物项目浓度限值

空气质量分指数 IAQI	污染物项目浓度限值									
	二氧化硫(SO_2) 24 小时平均 ($\mu g/m^3$)	二氧化硫(SO_2) 1 小时平均 ($\mu g/m^3$)(1)	二氧化氮(NO_2) 24 小时平均 ($\mu g/m^3$)	二氧化氮(NO_2) 1 小时平均 ($\mu g/m^3$)(1)	颗粒物（粒径小于等于 10 μm) 24 小时平均 ($\mu g/m^3$)	一氧化碳(CO) 24 小时平均 (mg/m^3)	一氧化碳(CO) 1 小时平均 (mg/m^3)(1)	臭氧(O_3) 1 小时平均 ($\mu g/m^3$)	臭氧(O_3) 8 小时滑动平均 ($\mu g/m^3$)	颗粒物（粒径小于等于 2.5 μm) 24 小时平均 ($\mu g/m^3$)
0	0	0	0	0	0	0	0	0	0	0
50	50	150	40	100	50	2	5	160	100	35
100	150	500	80	200	150	4	10	200	160	75
150	475	650	180	700	250	14	35	300	215	115
200	800	800	280	1 200	350	24	60	400	265	150
300	1 600	(2)	565	2 340	420	36	90	800	800	250
400	2 100	(2)	750	3 090	500	48	120	1 000	(3)	350
500	2 620	(2)	940	3 840	600	60	150	1 200	(3)	500
	(1) 二氧化硫(SO_2)、二氧化氮(NO_2)和一氧化碳(CO)的 1 小时平均浓度限值仅用于实时报,在日报中需使用相应污染物的 24 小时平均浓度限值。 (2) 二氧化硫(SO_2)1 小时平均浓度值高于 800 $\mu g/m^3$ 的,不再进行其空气质量分指数计算,二氧化硫(SO_2)空气质量分指数按 24 小时平均浓度计算的分指数报告。 (3) 臭氧(O_3)8 小时平均浓度值高于 800 $\mu g/m^3$ 的,不再进行其空气质量分指数计算,臭氧(O_3)空气质量分指数按 1 小时平均浓度计算的分指数报告。										

表 5-3 空气质量指数及相关信息

空气质量指数	空气质量指数级别	空气质量指数类别及表示颜色		对健康影响情况	建议采取的措施
0～50	一级	优	绿色	空气质量令人满意,基本无空气污染	各类人群可正常活动
51～100	二级	良	黄色	空气质量可接受,但某些污染物可能对极少数异常敏感人群健康有较弱影响	极少数异常敏感人群应减少户外活动
101～150	三级	轻度污染	橙色	易感人群症状有轻度加剧,健康人群出现刺激症状	儿童、老年人及心脏病、呼吸系统疾病患者应减少长时间、高强度的户外锻炼
151～200	四级	中度污染	红色	进一步加剧易感人群症状,可能对健康人群心脏、呼吸系统有影响	儿童、老年人及心脏病、呼吸系统疾病患者避免长时间、高强度的户外锻炼,一般人群适量减少户外运动
201～300	五级	重度污染	紫色	心脏病和肺病患者症状显著加剧,运动耐受力降低,健康人群普遍出现症状	儿童、老年人和心脏病、肺病患者应停留在室内,停止户外运动,一般人群减少户外运动
>300	六级	严重污染	褐红色	健康人群运动耐受力降低,有明显强烈症状,提前出现某些疾病	儿童、老年人和病人应当留在室内,避免体力消耗,一般人群应避免户外活动

3. 空气质量指数(AQI)与空气污染指数(API)有什么不同?

目前国标采用的评价空气质量的指数 AQI 与早先发布的空气污染指数 API 有着很大的区别。API 分级计算参考的标准是老的环境空气质量标准,评价的污染物仅为 SO_2、NO_2 和 PM10 等 3 项,AQI 采用的分级限制标准更严。AQI 较 API 监测的污染物指标更多,其评价结果更加客观。

以前的"空气污染指数"(Air Polution dex,简称 API),是根据 1996 年颁布的空气质量旧标准(GB 3095—1996《环境空气质量标准》)制定的空气质量评价指数,评价指标有 SO_2、NO_2、PM10 等 3 项污染物。

从 2011 年末开始,多个城市出现严重雾霾天气,市民的实际感受与 API 显示出的良好形势反差强烈,呼吁改进空气评价标准的呼声日趋强烈,也是从那时起,原本生涩的专业术语 PM2.5 逐渐成为热词。灰霾的形成主要与 PM2.5(直径小于或等于 2.5 μm 的颗粒物)有关。此外,反映机动车尾气造成的光化学污染的臭氧指标,也没有纳入到 API 的评价体系中。为此,空气质量新标准——GB 3095—2012《环境空气质量标准》在 2012 年初出台,对应的空气质量评价体系也变成了 AQI。"污染指数"变成了"质量指数",在 API 的基础上增加了细颗粒物(PM2.5)、臭氧(O_3)、一氧化碳(CO)3 种污染物指标,发布频次也从每天 1 次变成每小时 1 次。

4. 影响大气环境污染的因素有哪些?

简言之,凡是能使空气质量变差的物质都是大气污染物。大气污染物目前已知的约有上百种之多。有自然因素(如森林火灾、火山爆发等)和人为因素(如工业废气、生活燃煤、汽车尾气等)两种,并且以后者为主要因素,尤其是工业生产和交通运输所造成的污染。

大气污染的主要原因是由于各类污染源排放、大气传播、人与物受害这三个环节所构成。而影响大

133

气污染范围和强度的因素有污染物的性质(物理的和化学的),污染源的性质(源强、源高、源内温度、排气速率等),气象条件(风向、风速、温度层结等),地表性质(地形起伏、粗糙度、地面覆盖物等)。

常见的大气污染存在状态可分为两大类:一种是气溶胶状态污染物,另一种是气体状态污染物。气溶胶状态污染物主要有粉尘、烟液滴、雾、降尘、飘尘、悬浮物等;气体状态污染物主要有以二氧化硫为主的硫氧化合物,以二氧化氮为主的氮氧化合物,以二氧化碳为主的碳氧化合物以及碳、氢结合的碳氢化合物。大气中不仅含无机污染物,而且含有机污染物。并且随着人类不断开发新的物质,大气污染物的种类和数量也在不断变化着。

5. 大气环境中各种污染造成的危害有哪些?

(1) 煤烟

引起支气管炎等。如果煤烟中附有各种工业粉尘(如金属颗粒),则可引起相应的尘肺等疾病。

(2) 硫酸烟雾

对皮肤、眼结膜、鼻黏膜、咽喉等均有强烈刺激和损害。严重患者如并发胃穿孔,声带水肿、狭窄,心力衰竭或胃脏刺激症状均有生命危险。

(3) 铅

略超大气污染允许深度以上时,可引起红血球碍害等慢性中毒症状,高浓度时可引起强烈的急性中毒症状。

(4) 二氧化硫

浓度为 1 ppm～5 ppm(1 ppm＝10^{-6})时可闻到嗅味。5 ppm 长吸入可引起心悸、呼吸困难等心肺疾病。重者可引起反射性声带痉挛、喉头水肿以至窒息。

(5) 氧化氮

主要指一氧化氮和二氧化氮,中毒的特征是对深部呼吸道的作用,重者可臻肺坏疽;对黏膜、神经系统以及造血系统均有损害,吸入高浓度氧化氮时可出现窒息现象。

(6) 一氧化碳

对血液中的血色素亲和能力比氧大 210 倍,能引起严重缺氧症状即煤气中毒。约 100 ppm 时就可使人感到头痛和疲劳。

(7) 臭氧

其影响较复杂,轻病表现肺活量少,重病为支气管炎等。

(8) 氯

主要通过呼吸道和皮肤黏膜对人体发生中毒作用。当空气中氯的浓度达 0.04 mg/L～0.06 mg/L 时,30 min～60 min 即可致严重中毒,如空气中氯的浓度达 3 min/L 时,则可引起肺内化学性烧伤而迅速死亡。

(9) 硫化氢

浓度为 100 ppm 吸入 2 min～15 min 可使人嗅觉疲劳,高浓度时可引起全身碍害而死亡。

(10) 氟化物

可由呼吸道、胃肠道或皮肤侵入人体,主要使骨骼、造血、神经系统、牙齿以及皮肤黏膜等受到侵害。重者或因呼吸麻痹、虚脱等而死亡。

(11) 氰化物

轻度中毒有黏膜刺激症状,重者可使意识逐渐昏迷,血压下降,迅速发生呼吸障碍而死亡。氰化物中毒后遗症为头痛,失语症、癫痫发作等。氰化物蒸气可引起急性结膜充血、气喘等。

6. 室内空气污染源有哪些?

一般影响居室空气质量的污染物种类主要包括:

（1）生物类：细菌、霉菌、病毒、花粉、动物毛发、头屑、排泄物等都是通常说的会影响空气质量生物方面的污染物。

（2）化学类：洗涤剂、溶解剂、燃料、粘合剂、各种燃烧物副产品和家具、地板、墙体装饰的散发物。

（3）颗粒和悬浮物：较轻的固体或液体，悬浮于空气中。颗粒主要分为三种——粗的、细的、极细的——来源于灰尘、建筑活动、印刷、影印、工业制造过程、吸烟，以及燃烧和一些化学反应中产生的蒸气形成的颗粒。这些可分类为灰尘、烟雾、细雾、烟和冷凝物。

7. 室内挥发性有机物有哪些种类？

作为化学污染物的一大类，挥发性有机物是其主要成分，一般以 VOCs 表示其总量，具体有氡、甲醛、烟草的烟气，但也不仅限于这些。挥发性有机物（VOCs）是许多种含碳原子的化学物质，在室温下也很容易挥发。一些在家庭中常用的物品和材料能释放出多种有机化合物，如建筑材料、清洁剂、溶剂、油漆、汽油等。主要室内有机物的污染源和危害见表 5-4。

表 5-4　主要室内有机物的污染源和危害

污染物	主要污染源	主要危害
甲醛 formaldehyde	装饰材料、新家具、胶合板、大芯板、刨花板、墙漆、油漆、粘合剂、化纤地毯等有机材料	刺眼流泪、黏膜发炎、喉部疼痛、肺部水肿
异丁烷 isobutane	煤气、汽油等	知觉丧失、肌无力、神经麻痹
正己烷 hexane	胶水（橡胶结合剂、粘合剂）、清漆、墨水，作为一种清洁剂（去油污剂）	头昏眼花、恶心、头痛、神经末梢麻痹、肌肉软弱、视力模糊、头痛、疲劳
癸烷 decane	醇酸调和漆，无光调和漆，地板蜡，彩色涂料	其蒸气或雾对眼睛、皮肤、黏膜和呼吸道有刺激性作用。可引起化学性肺炎、肺水肿
二氯甲烷 dichloromethane	各种油漆、涂料、家具上光剂和清洁剂，头发定型剂，家用空气清洁剂、除臭剂、皮鞋上光剂和清洁剂	引起头痛、疲劳和类似酒后的行为，长期暴露将损害肝和脑。国际癌症研究机构将二氯甲烷列为可疑致癌物
三氯甲烷 chloroform	水和纸浆，杀虫剂及其他化学产品，药品和化妆品	长期暴露于含三氯甲烷的空气中将最终导致肝和肾的损伤
四氯化碳 Carbon tetrachloride	室内四氯化碳气体可能来自室外，或室内建筑材料，清洁剂	短时间暴露于高浓度下导致：头痛、虚弱、无力、恶心和呕吐。慢性症状：肝、肾损伤。是可能的致癌物
1,1,1,-三氯乙烷 trichloroethane	建筑材料，清洁产品，油漆、涂料	短时间吸入产生晕眩、头晕眼花的感觉，接触皮肤可能导致过敏症状。被美国 EPA 列为优先监测污染物名录
三氯乙烯 trichloroethylene	打字机修正液，粘合剂，去污剂和地毯清洗液，致冷剂	导致嗜睡、疲劳、恶心、头痛，损伤皮肤，对肝、肾、免疫和内分泌系统有不良影响，可能提高流产几率。是可疑致癌物
四氯乙烯 tetrachloroethylene	干洗溶剂，橡胶涂层，肥皂，墨水，粘合剂和胶水，密封剂和上光剂等	导致上呼吸道和眼睛的炎症，头痛、嗜睡；心律失常，肝损伤。被国际癌症研究机构列为可疑致癌物

表 5-4（续）

污染物	主要污染源	主要危害
苯 benzene	装饰材料、粘合剂和油漆、涂料、空气消毒剂和杀虫剂	对皮肤眼睛和上呼吸道有刺激作用，慢性中毒引起齿龈、鼻黏膜处有出血症，对孕妇和胎儿发育有影响，是致癌物
甲苯 toluene	油漆、涂料、粘合剂、人造香气、指甲油、香烟烟雾。各种工业和消费品	引起疲劳、嗜睡、头痛、恶心，中枢神经系统功能紊乱，长期吸入导致上呼吸道和眼的炎症，咽喉疼痛，头昏眼花
乙苯 ethyl benzene	汽油，杀虫剂，清漆，油漆涂料，香烟烟雾	导致咽喉发炎，胸紧，肺部炎症，对神经系统的影响，如头昏眼花
间-二甲苯 （m-xylene） 对-二甲苯 （p-xylene） 邻-二甲苯 （o-xylene）	汽车尾气、人造香气，油漆，颜料，涂料	皮肤、鼻和咽喉发炎，皮肤干燥、脱落；短期记忆降低，反应迟钝，数字记忆能力时降低，头痛、头昏眼花、疲劳、焦虑、注意力难于集中
苯乙烯 styrene	建筑材料，消费产品（聚苯乙烯塑料和树脂），烟草香烟烟雾	黏膜、眼部发炎，头痛、疲劳、虚弱、沮丧，神经系统功能紊乱。堕胎率上升，可能导致白血病和淋巴瘤的患病率上升； 可疑致癌物

8. 如何控制室内污染物的传播？

在一幢典型的建筑中，污染物的来源分为两类：从建筑外部进入的和建筑内部产生的。这两类污染物都有很多种类和广泛的来源。室外污染源包括建筑废气排放、汽车尾气、工艺过程和建筑活动等。室内污染源包括家居卫生活动、化学物质、洗涤剂、溶剂、建筑装修材料、新家具、新油漆、办公设备和其他各种各样的家居活动。

要做到控制好污染源来确保好的室内空气质量，清楚认识到污染源和传播途径都是有效解决问题时必须考虑到的基本因素。传播途径是污染物随空气运动时产生的，或者是由于相对压力差而产生的细小通道。只要确定有污染源，就可以对其进行处理，方法包括：

——消除污染源；

——处理污染源使其不再释放污染物；

——常用屏障隔绝污染源；

——用压力差来隔离污染源；

——减少人暴露于污染物的时间；

——稀释污染物的浓度并增大通风量将其从建筑中移除；

——加强渗漏清洁空气并移除污染物。

9. 室内空气中污染物的成分浓度如何检测？

（1）细颗粒物的检测

目前，颗粒物的监测方法主要有膜称重法、光散射法、压电晶体法、电荷法、β射线吸收法、微量振荡天平法，各种方法各有其优缺点。其中，膜称重法因原理简单、影响因素较少而成为常规方法，并且常常被用来对其他监测方法结果进行校正，但是膜称重法却具有操作繁琐、仪器笨重、噪声大、采样时间长、无法实现实时监测数据等缺点，难以满足需要快速测定的室内或公共场所的颗粒物浓度的要求。光散射法在一定程度上弥补了膜称重法的不足,通过测量散射光强度,经过转换求得颗粒物质量浓度。光散射法因其操作简单、容易携带,并且可实现实时监测而越来越被广泛应用。

根据环境中颗粒物浓度不同,可以选用激光粒子计数器或光学粒径谱仪测量颗粒物的数浓度。

(2)化学污染物的检测

一般情况,紫外光离子化检测器和氢火焰燃烧离子化检测器常用来快速检测那些影响室内空气质量的挥发性有机物(VOCs)。另外还有用于检测气体化学污染物的专用仪器——非分光红外(NOIR)气体感应器,可检测工业环境中出现的特殊气体,它是基于来自于燃烧反应、泄露和其他情况下可能影响空气质量的。

大多数情况下,在现场测试的数据很难获得化学污染物在空气中的准确分布。通常是复杂的混合物而不是某一类化合物。因此,取样采样检测是一种广为采用的、很实用的做法,通常借助过滤、用另一种材料吸收和压缩等方法实现。

(3)微生物的检测

对于家庭居室环境的微生物的检测,一般采取以下步骤:

1)根据选定的微生物选择培养基。

2)做落菌试验。

3)然后根据选定的微生物的适宜生存条件作培养。

4)然后进行菌落计数。

5)根据菌落数计算出含量。

二、关于空气净化器的工作原理

10. 空气净化器的工作原理有哪些?

空气净化器的主要净化对象可以分为颗粒物、气态污染物和微生物等。颗粒物的净化技术,主要有各种级别颗粒物滤网和静电吸附两种,其中高级别的滤网通常称作 HEPA。气态污染物净化,主要是通过活性炭、化合物反应、静电高压分解或化学催化的方式来实现。微生物的去除,一般通过滤网拦截或静电杀灭。

为了实现对一定空间内空气的高效净化,空气净化器还需要使空气流动起来。空气驱动一般是通过电机和风扇来实现,也有使用离子风等新型技术的。

此外,还有使用负离子、紫外线、抑菌材料等辅助性技术的空气净化器。

11. 空气净化器有哪些基本分类?

从净化功能上来说,空气净化器主要功能可以分为去除颗粒物,去除甲醛,除菌,去除某些特定气态污染物等。目前不少空气净化器都具有一种以上的功能。

从采用的核心技术来说,空气净化器可以分为滤网式和静电式两大类。也有净化器使用两种技术的组合。

从使用效果或者适用环境来说,空气净化器可以分为小型、中型和大型净化器。分别适合小房间、大房间或客厅、更大房间或办公场合等。

从长效性能来说,空气净化器可以分为需要定期更换耗材和定期维护但不换或少换耗材两大类。

对于主要在家庭中使用的空气净化器,空气净化器的噪声大小,也是一个重要的因素。通常在客厅需要选用正常运行时噪声在 55 dB 以下,卧室使用在 35 dB 以下的空气净化器。工业类型的高噪声净化器,不适合在家庭使用。

空气净化器还可以加入加湿、除湿、香薰等辅助功能。

12. 什么是过滤净化技术?

过滤净化是较为成熟的拦截空气重颗粒物的技术,属于最常见的物理净化技术。一般是经过特殊工艺处理后交织的塑料或玻璃纤维,形成网状结构,并通过采用直接拦截、惯性碰撞、扩散吸附等物理作用,将各种大小的颗粒物分别截留在滤网表面或吸附在内部,达到除尘净化的目的。

滤网一般安装在特殊设计的风道内,通过进出风量的循环过滤各种颗粒物。滤网的性能随着过滤的颗粒物的增多、及时间的推移,其性能会逐渐衰退。因此及时更换是必要的。

13. 什么是静电除尘技术?

静电除尘是另一项较为成熟的颗粒物净化技术。其原理是通过安装排布在特殊设计的进出风风道内,采用产生高压静电场的方式,使通过的空气中的颗粒物带上电荷,并被具有相反电荷的电极收集起来的方式来实现净化,对细微颗粒物等污染物起到净化的效果。

净化器中的静电除尘模块在吸附一定的颗粒物后,需要及时清洁维护,以维持静电吸附的效果。由于这项技术具有风阻小,总使用成本低等特点,所以在大型建筑等工程项目中广泛应用。目前,家庭中空气净化器也开始使用此类技术。

由于静电使用了高压电场技术,所以在电路安全设计和臭氧处理上,国家均有严格规定。选用静电类空气净化器需注意是否通过了安全认证。

14. 什么是介质吸附技术?

介质吸附技术多用于对气态化学污染物的净化处理。由于静电吸附和过滤除尘技术对有害气体等化学污染物的净化效果不明显,例如,对甲醛、苯类化学物、氨以及 TVOC(挥发性有机污染物)和 SVOC(半挥发性有机污染物)等,常采用这类净化处理方式。

以对化学污染物具有吸附作用的物质作为吸附剂,吸附剂多采用进过处理的、比表面积较大的、吸附性良好的材料制成。常用的吸附剂材料有活性炭、天然沸石、硅胶等。类似可作为吸附材料的还有分子筛,分子筛具有极性吸附作用,对极性强的化学污染物吸附作用较好。

需要说明的是,吸附剂对于特定气态污染物具有饱和吸附容量,在达到吸附容量后需要更换吸附材料避免产生二次污染。在新国家标准中使用气态污染物累积净化量 CCM 来衡量材料的吸附容量。

15. 对于颗粒物的净化去除技术有哪些?

对于颗粒物的净化,主要有滤网式(亦被称为布袋除尘)和静电式两大类。滤网式技术的特点是对大颗粒净化效果好,对小颗粒净化的初始效果好,但随着时间推移性能会下降。但滤网结构简单,成本相对低。需要注意的是,这类滤网需定期更换,并注意细菌等滋生问题。

静电技术的特点是对小颗粒的净化去除效果突出,同时对微生物也有一定的杀灭效果,因此滋生霉菌的问题不明显;另一方面,长期使用维护成本相对较低。但需要定期清洁,清洗时应严格按照使用说明的要求操作,同时应注意臭氧释放要在安全范围。

16. 对于气态化学污染物的净化去除技术有哪些?

对于气态化学污染物净化去除的主要技术有活性炭,化合物反应,静电高压分解和化学催化等技术。其中对于一般的可挥发性有机物(TVOC/SVOC),通常使用活性炭吸附。活性炭较为经济实用,但需要及时更换,否则也容易产生二次污染。

对于特定的甲醛污染,由于活性炭本身对甲醛的吸附效果较差,一般采用化合物反应的方式处理。这些化合物可以单独使用,也可以加载到活性炭上使用(如被称为浸渍活性炭等)。这类技术的特点是初始性能较好,但性能衰减也较快。

为了弥补化合物反应去除气态化学污染物的缺点,也有使用催化材料来处理甲醛等污染物的净化方式。其性能持久性有一定提高。

静电高压分解的方法,是另一种长效去除气态化学污染物的方法。譬如,氧化分解甲醛的性能,虽然初始性能不特别突出,但其性能并不会随着时间的推移而下降。

将以上几种技术结合使用,是空气净化器未来的发展趋势。

对于气态化学污染物净化去除的主要技术有多孔材料吸附(如活性炭),化合物反应,或催化分解(如常温催化氧化、光催化等)等技术。

其中对于气体分子较大的可挥发性有机物(TVOC/SVOC),通常使用多孔材料(如活性炭、沸石等)吸附。多孔材料吸附是最可靠有效的去除此类气体污染物的技术,但需要及时更换,避免产生二次污染。

对于气体分子较小的甲醛污染,单纯活性炭本身对其吸附效果较差,一般可采用改性活性炭(特殊处理使微纳米孔道更发达)改良吸附效果。此外,某些化合物对甲醛具有较高的反应活性,这些化合物可以单独使用,也可以加载到多孔材料比如活性炭上使用。另外一大类去除甲醛的技术为催化分解,比如使用贵金属或过渡金属氧化物在常温下催化氧化处理甲醛,或使用紫外光催化分解甲醛(但要注意可能的臭氧释放)。催化技术的优点是理论上长效性能较好,但通常应注意副产物及实际环境中其他物质对其性能影响。

将以上各种技术结合使用,是空气净化器未来的发展趋势。

17. 对于微生物(细菌)的净化抑制技术有哪些?

由于微生物在物理上可以被当做颗粒物的一种或附着在颗粒物上存在,所以传统的过滤式空气净化器对于去除空气中的微生物效果与颗粒物一样有效。但是如果滤网仅是单纯过滤而不做特殊处理抑制微生物繁殖,是所拦截微生物不具有杀灭作用,存在微生物滋生可导致二次污染的风险,所以滤网需要及时更换。

也有通过在过滤纤维中混入抑菌材料,或者在活性炭中掺杂抑菌材料,通过牺牲了部分过滤效果实现增强抑制微生物生长菌的目的。

对微生物的杀灭,静电高压,紫外线,臭氧等方法都具有非常好的效果,并且均在医用领域有广泛应用。但紫外线和臭氧灭菌,由于存在泄漏的风险,所以在家用领域使用很少,或者使用时须有严格的规定。

也有通过在过滤纤维中混入抑菌材料,或者在活性炭中掺杂抑菌材料,通过牺牲了部分过滤效果实现增强抑菌的目的。

此外,还有通过主动往空气中释放离子或化学物质达到抑菌效果的设计,但其效果比起以上主流技术差别明显,并且需额外注意其释放物质的安全。

三、关于选购、使用、维护空气净化器

(一)选购

18. 如何看懂空气净化器产品宣传?

首先要看该净化器产品的使用说明(包括包装、铭牌、说明书、吊牌、活页、网站等)中宣称符合的标准依据是什么。

目前国家3C认证目录中不包括净化器品类,对于净化器安全相关的项目,对应的强制检测标准包括 GB 4706.45(包括电气安全、臭氧释放等),GB 21551.3(如果宣称除菌性能);以上强制性标准是产品的强制要求,如产品宣称中没有提到相关标准,可认为是危险不合格产品。

对于产品性能的标准依据,应看其是否依据推荐性国家标准 GB/T 18801(如该产品使用该标准,或者具有相关的产品认证)。

需要注意的是,产品使用说明与产品的广告宣传是不同的。

19. 空气净化器产品的标注分哪几部分标志?

按照 2015 版《空气净化器》,产品的标注分为三部分:

(1)产品的共性指标标注,作为电器产品的基本电参数:电压、频率、功率等。

(2)产品特征参数有:洁净空气量(对于不同目标污染物具有不同的洁净空气量);累积净化量(对于不同目标污染物具有不同的累积净化量);噪声;能效水平。

(3)使用时的注意事项:如使用场所条件、滤材更换时间以及常见故障说明等;如果有可能产生的隐患,应有必要的提示说明。

20. 净化器的特征技术指标有哪些?

净化器的特征技术指标应包括:

- 固态污染物 CADR 表示净化器去除 PM 颗粒物的能力,去除能力与数值成正比;
- 气态污染物(如甲醛、甲苯、挥发性有机污染物 TVOC 等)CADR 表示净化器去除甲醛、甲苯、TVOC 等气态污染物的能力,去除能力与数值成正比;
- 固态污染物累积净化量 CCM 区间,反映净化器滤网去除 PM 颗粒物的寿命,级别越大,滤网寿命越长;
- 气态污染物累积净化量 CCM 区间(选标)反映净化器滤网去除气态污染物的寿命,级别越大,滤网寿命越长;
- 噪声反映净化器运行过程中的噪声大小,消费者可以主要关注是否符合标准规定的要求;
- 能效比(CADR/功率)反映净化器的节能特性,是否是高效级,能效比数值越高,意味着产品在同等性能条件下耗能越低;
- 推荐适用面积是否按照标准规定的范围从固态颗粒物 CADR 计算。

除此以外,还可关注一些额外的宣传点,比如:

- 是否具有国外认证、如 AHAM 认证、ECARF 过敏认证、ARB 无臭氧认证等;
- 如宣传"去除率 99%"等效率值,需结合其注释看测试时间,测试空间大小(是否 30 m³)等。

21. 如何看懂产品试验报告?

产品试验报告是产品性能指标的具体体现。首先要看出具试验报告机构的合法性、报告的有效性、检测日期及对应的产品是否属实;其次,要看检测依据的标准是否有效,最后再看相关的技术指标是否符合要求。

检测报告的权威性,体现在报告的真实性。如果消费者存有异议,可以通过市场监督部门,或相关的管理部门进行核实、确认。

请注意,一般的产品测试报告均会声明:"本试验报告仅对检测样机负责。"在购买空气净化器时,应注意所购机器是否和检测报告所检测样机,尤其是滤网等关键部件是否一致。

22. 如何选购适用的净化器产品?

净化器产品不同于其他的电器(如电冰箱、空调器),普通消费者对净化器的真实净化作用往往缺少直观的用户体验,因此会产生对产品性能优劣的认知不足。市场上净化器的价格悬殊很大,有的相差数倍,但仅从外观或产品简介上是很难分清楚的。因此建议消费者在选购前最好了解一下净化器产品的工作原理、以及对净化器的评价方法,尤其是空气净化器的主要技术指标(如 CADR、CCM、噪声、能效等),以此可以比较出产品的性能差异。

在此基础上,还需根据实际情况选用合适的产品:

- 如需去除固态颗粒污染物如 PM2.5 以及各类有害气体,建议选用同时兼具固态污染物和有害气体(如甲醛,甲苯,TVOC 等)净化功能的产品,CADR 较大、CCM 较高的产品。
- 是否适用于卧室,如是,选用噪声小的产品;
- 家中是否有婴儿,哮喘病人等敏感人群,如有,建议选用不产生臭氧的纯物理吸附式机器;
- 需要 24 h 开机的用户适当考虑购买节能产品;
- 根据房间面积适配大小 CADR 的机器,有一定的裕量即可,没有必要越大越好。

此外,也要考虑产品体积,产品外观设计是否与室内大小及风格吻合。产品品牌是否为知名生产商。

23. 如何根据污染物负载性质选择净化器?

通常,对空气中污染物负载性质辨别判定是选择适用净化器的先决条件。不同净化器侧重净化的目标污染物不同,需要根据各自家庭实际情况选购有针对性的产品。如,以针对雾霾环境作为主要目标污染的,就应该选择对细颗粒物(PM2.5)净化能力强的;如针对室内气态化学污染物的,就应该选择针对此类污染物的产品。

当然,目前市场大多数净化器产品均对可多种污染物有去除或净化功能。但针对不同的目标污染物,其净化去除能力是不同的,这时,就需要在选择上有应该所侧重了。一般应该具产品的明示,选择适用的净化器产品。

24. 空气净化器可以净化、去除的污染物质有哪些?

一般来讲,空气净化器净化、去除的污染物质由净化器的滤材(滤网)性质或净化原理决定。目前,通常将室内污染物分为三大类:颗粒物、气态污染物(也称作化学污染物)和微生物。按照国家标准,颗粒物又按"空气动力学粒径"的范围不同,分为 PM10(可吸入颗粒物)和 PM2.5(细颗粒物);化学污染物的种类就很多了,典型的有甲醛、甲苯、二甲苯、SO_2、氨、臭氧以及 TVOC(挥发性气态污染物)等,而"微生物"按照国家标准是指对人体建康有影响的细菌。空气净化器的净化机理一般都是采用对上述污染物的过滤或吸附作用,但对微生物则采取的是杀灭或抑制生长的作用。

25. 什么是空气净化器的能力指标?

作为空气净化器,它的功能是净化空气,因此净化器对空气中污染物的净化能力强弱,就表明了机器的好坏。

在本标准中,对净化器净化能力的评价,也是基于这一思想,但表现形式则为"提供洁净空气的能力",即单位时间提供"洁净空气"的多少,这个指标实际上就是"洁净空气量",按照英文的简称为 CADR。CADR 值越大,说明净化器的净化能力越强,即可在相对短的时间内使作用的空间迅速净化。换句话说,就是可在相对短的时间内提供大量的"洁净空气"。这就好比空调器的制冷量,制冷量越大,说明空调器的单位时间内提供的冷量(热量)越多。

"洁净空气量"即 CADR 值,作为净化器的能力指标,具有明确的物理单位,按照其定义,应该为 m^3/h。

26. CADR 的本质涵义是什么?

前面说了,评价净化器净化能力的高低或强弱,是采用"洁净空气量"即 CADR 值这一指标的,并且,作为净化器的能力指标,CADR 值是有明确物理单位的(m^3/h),其含义就是"单位时间内提供的洁净空气量",这就是所谓"净化能力"指标的本质。它是基于"衰减法"的评价技术,对净化器本身固有能力评价出来的技术指标,与在什么场所使用、使用方式均无关。每一种不同规格的净化器产品,都会对应某一类污染物具有一个"洁净空气量"(CADR)值,就像每一种不同规格的空调器产品,都会具有一定的"制冷量"一样。这就是"CADR"的本质含义。

27. 为什么说,CADR 作为评价指标比"净化率"更合理?

CADR 的本质含义是空气净化器的自身属性,与外界条件和使用场所无关。即不管你在什么环境下使用它,其对目标污染物的净化能力指标 CADR 都是不变的。因此,CADR 也称之为是净化器的"绝对指标"。

所谓"净化率"指标就不一样了。"净化率"实际上是一个相对指标,它受使用环境,即使用时的污染物本底浓度水平、适用空间的大小、使用时间的长短等影响甚大,可以这样说,不同使用场所或使用方式,就会有不同的"净化率"。可以想象,"洁净空气量"即 CADR 值一样的两台同规格空气净化器,如果一台作用于空间相对小一些,污染物浓度水平相对低一些,那么,其净化是"效果"看起来可能就会"明显一些",即所谓"净化率"指标就高一些,而另一台若作用的空间大一些,且污染物浓度水平又相对较高,其实际是"净化率"就显然不如前一台。因此说,评价净化器用"相对指标"净化率是不合适的,就是因为这一"净化率"指标没有真正反映出净化器的本质和能力。而且还极易给消费者带来误解。

在新修订的国家标准中,没有以"净化率"作为评价空气净化器的技术指标及相关内容。

28. 为什么说,以"净化率"评价空气净化器不合理?

上面提到以"净化率"作为评价空气净化器的性能指标,不能真正反映出产品的净化能力,其不合理性还不仅仅在于其只是个"相对指标",更在于这一指标没有将净化器净化目标污染物的"规律性"表示出来。所谓净化目标污染物的"规律性",即是在一个净化器使用的场所(空间)内,目标污染物在净化器的作用下,将使适用场所的空气污染物浓度水平,随时间的延续,呈"指数"规律下降,如图 5-1 所示。

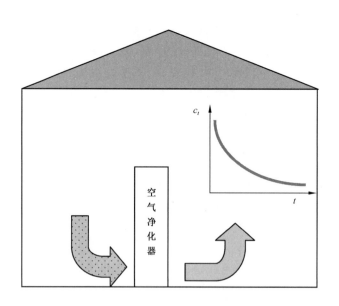

图 5-1 空气净化器工作示意图

如果单以"净化率"作为评价空过净化器的指标,显然没有将污染物浓度水平随净化器的作用下,呈"指数衰减",这一规律表示出来。因此,"净化率"指标表现出来的仅仅是一个"静态"值。如图 5-2 所示。

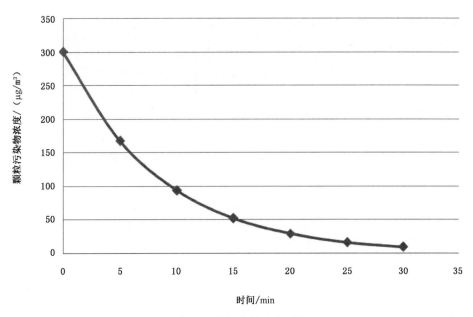

图 5-2　颗粒物浓度衰减图

可以看出，每个时刻的"净化率"都是不同的，如果单以"净化率"作为评价空过净化器的指标，显然没有将污染物浓度水平随净化器的作用下，呈指数衰减，这一"规律"表示出来。所以，只能说"净化率"表现出来的仅仅是一个"静态"值。

每台不同的机器，都会对应一个"指数函数"作为对目标污染物净化能力"规律性"描述。由上述曲线族可以看出，随时间下降越是"陡快"的曲线，代表的机器净化能力就越强。这是所谓"净化率"指标根本不能表达的，因此说，以"净化率"评价空气净化器不合理。

29. CADR 的大小，表征着什么含义？

不同的净化器具有不同的"洁净空气量"，即 CADR 值；只有 CADR 是表征净化器的"本质参数"，不随使用条件的改变而改变；因此，比较 CADR 的大小，就可以明确得出净化器的净化能力的强弱。

CADR 作用的规律性可以通过图示表示出来。根据图 5-3，内侧 A 曲线表示的 CADR 显然比外侧 B 曲线随时间变化的"陡"、"快"，这就说明其对应的 CADR 值显然要大。

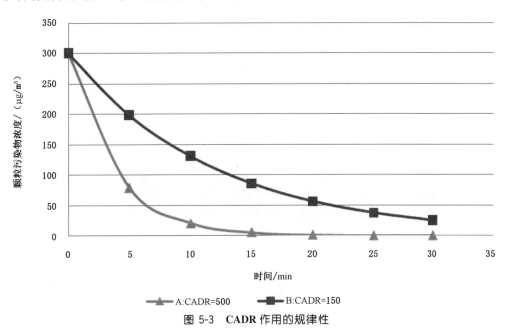

图 5-3　CADR 作用的规律性

30. 使用面积是如何得出的?

首先需要说明,根据空气净化器的净化能力(CADR 值)选择适用面积,通常是针对颗粒物污染源说的。因为,根据理论算式(质量守恒方程),推算出将室内颗粒物的初始浓度降低到一个可接受的浓度水平,以求得房间面积和净化器净化能力(CADR 值)之间的关系。

根据 2015 版《空气净化器》国家标准,颗粒物的初始浓度直接参考大气环境指数(每立方米含颗粒物的质量浓度 $\mu m/m^3$),在考虑到房间内的高度、自然通风条件等因素后,最终求得当净化器的净化能力 CADR 为一定值时,通过净化后室内空气质量稳定在一个可以接受的范围时(颗粒物质量浓度指标)所对应的房间面积,即是"适用面积"。

31. 为什么说"适用面积"只是一个参考指标?

前面介绍了,"适用面积"完全是一个理论推导,它是根据污染物初始浓度、房间通风条件和高度等因素,算出来的。因污染物初始浓度等环境因素变化很大,各类房间的建筑标准、通风条件均不一样,因此,标准只能在综合考虑各种因素条的件下,给出了一个推荐的范围值。即,1 m² "适配" 8~14 个 CADR。消费者可以根据实际的使用环境,选择"高配"或"低配"。

另外一点需要注意,空气净化器随着使用时间的延续,其净化能力(CADR 值)将会逐渐衰减,不论是采用什么原理方式的净化器,随着使用时间的延长,净化性能都会衰减。这样看来,根据 CADR 的初始值确定的"适用面积"也会随之"缩水",这一点消费者应该有所注意。

32. 一台净化器的 CADR 指标是一成不变的吗?

前面讲过,空气净化器作为净化空气中污染物的电器,随着使用,它的净化能力将会逐渐衰减,这是可以想象到的;而且,越是在空气污染负载浓度重的环境下使用,它的"净化能力"衰减得就越快。这样看来,空气净化器的"洁净空气量"(CADR 值)不是一成不变的。决定空气净化器"净化能力"的是滤材(滤网或静电过滤器),不论是物理过滤方式还是静电过滤方式,长时间使用其净化效果都会衰减。要想使过滤效果恢复到新的状态,或是更换滤网,或是将静电集尘器重新清洗一下,以恢复其净化效果。

基于净化器的 CADR 随着使用在逐渐衰减,只不过有的衰减得快,有的衰减得慢。因此,在评价空气净化器净化能力时,就提出了一项新的指标 CADR 的半衰期,即一台净化器初始时的 CADR 衰减至一半时的时间。

33. 为什么要引入"累积净化量"这一评价指标?

为了科学准确地评价一台空气净化器 CADR 衰减的情况,在标准中引入了一个新的概念,即"累积净化量"CCM 值,即净化目标污染物的质量单位为毫克(mg)。

客观地说,洁净空气量 CADR 值的大小表征着一台净化器对目标污染物净化的快慢,CADR 越大,说明可以在较短的时间内,将房间里的污染物浓度水平迅速降低;而对应的"累积净化量"(CCM 值)的大小,则说明这种净化能力的持久性是好还是劣。"累积净化量"越大,说明净化器的有效 CADR 维持的时间越长,越耐用。

一台净化器的初始 CADR 大,并不一定"累积净化量"也大,累积净化量是通过实际测试后得出的。通俗地讲,洁净空气量 CADR 表征的是净化器的"能力",而"累积净化量"则表征着净化器的"耐力"。如图 5-4 所示。

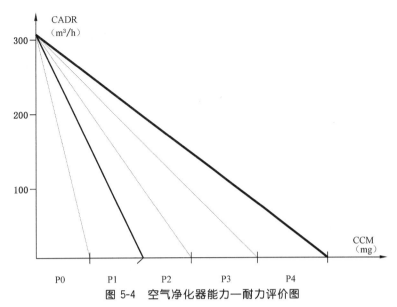

图 5-4　空气净化器能力—耐力评价图

如果两台空气净化器,它们的初始 CADR 值是一样的,而累积净化量(CCM 值)一个是处于 P1 (CCM 介于 3 000 mg~6 000 mg),一个是 P2(CCM=10 000 mg~15 000 mg),显然可以看出,CADR 值对应为"P2"区间净化器一定比处于 P1 的净化器耐用。

所以说,CADR 是有"质量"的,评价净化器 CADR 质量的参数就是累积净化量(CCM)。

34. 净化器的使用寿命是如何确定的?

对于空气净化器的"累积净化量"CCM 来讲,实际上就是间接地表示了它的"寿命"。通过累积净化量 CCM 值,可以间接的估算出它的使用时间。具体如何估算,修订后的标准在附录中作了说明和解释。值得注意的是,由于使用时每天所处的污染物浓度水平是在不断变化的,因此,对各类目标污染物的实际净化寿命只能做出大致的估算。比如,一台净化器对颗粒物的累积净化量是 8 000 mg,假设在中等颗粒物污染状态下(200 $\mu g/m^3$)并且是在 20 m^2 的房间内使用,这样根据 2015 版标准附录 G 中的列表,就可以大致推算出,可以使用:

净化器 1 天按 12 h 工作计,可以去除约 40 mg 的颗粒物,8 000 mg 累积净化量理论上在 20 m^2 的房间内中等污染水平下可以工作约 200 天。

35. 什么是净化器的"常态性指标",什么是它的"长效性指标"?

空气净化器不同于其他的电器,需要对其"能力"和"寿命"一并考察,仅有净化能力,缺少净化寿命的产品显然用不长久,不是好产品。因此,就有了评价空气净化器"常态性指标"和"长效性指标"的概念。它们之间的关系如图 5-5。

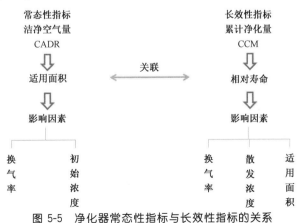

图 5-5　净化器常态性指标与长效性指标的关系

从上可以明显看出,对于净化器来讲,"常态性指标"就是以 CADR 值来表示的,而"长效性指标"则是以 CCM 值来表征。

这实际上是一个"时空"对应表:"常态性指标"更多地体现在净化器适用的"空间";"长效性指标"更多地表征了净化器使用的"时间"。决定或影响净化器"常态性指标"和"长效性指标"的影响因素也各有不同。

值得注意的是,表征"常态性指标"的"适用面积"和表征"长效性指标"的"相对寿命"是相互关联的,即如果一台净化器的 CADR 值和 CCM 值是一定的,那么你在相对较大的房间使用净化器时,它的"实际寿命"可能就会相对短些;反之,寿命相对长些,这也是可以理解的。

36. 什么是净化器的"实测指标"、"导出指标"？两者有什么不同？

作为空气净化器的主要技术参数实际上有两个,一个是 CADR,另一个是 CCM。这两个参数是表征空气净化器的本质参数,评价空气净化器主要看这两个参数。

2015 版《空气净化器》国家标准对空气净化器性能指标的设定有以下几种:

- 核心指标:洁净空气量(CADR)
  累积净化量(CCM)
- 衍生指标:适用面积
  使用寿命
- 关联指标:能效等级
  噪声等级
- 标注指标:通用性指标
  特征性指标

从上面的列表可以看出,作为核心指标的"洁净空气量"CADR 和"累积净化量"CCM 是要通过实际测试后,评价得出的。而"适用面积"和"使用寿命"是通过上述两个指标推算出来的;"能效等级"和"噪声等级"虽然不是作为"净化功能"的直接考核指标,但它们却与净化器的"核心指标"密切关联的,因此可称作"关联指标";最后,就是针对净化器的"标志"和"标注"了,如何使标志或标注更加科学、清晰;因此就需要有对"标注"提出要求,这就是"标注指标"。

37. 为什么说,净化器针对不同的污染物,应有不同的 CADR 和 CCM？

目前的空气净化器在净化功能上多数都可以满足最多种不同目标污染物的净化或去除,比如,对细颗粒物、对气态化学污染物(气态化学污染物的种类很多,家庭中一般都会对甲醛格外关注),还有对微生物有净化(除菌)功能的。对于前两类——细颗粒物或气态化学污染物,如果净化器有对应的净化能力,那么,对它的这种针对性的净化能力的评价指标就是 CADR,一般表示为"$CADR_{颗粒物}$"或$CADR_{甲醛}$"这就是净化器针对不同的目标污染物应该具有不同的"洁净空气量"(CADR 值)。同样,也会有不同的、针对特定目标污染物的"累积净化量"CCM 值。

如果一台净化器宣称具有去除两种或两种以上的目标污染物,那么,它就应该对应标注两种或两种以上的"洁净空气量"CADR 值和"累积净化量"CCM 值。

38. 国标中"1 m² 适配 8～14 个 CADR"是什么意思？

按照 GB/T 18801—2015《空气净化器》中附录 F"适用面积"的计算方法,根据"室内颗粒物污染的质量传递过程满足质量守恒"列出关系算式,最后将建筑物的各种条件固定后,仅以不同的"换气次数"值代入推算公式,即:

当 $k_v=0.6\ h^{-1}$ 时,计算得到适用面积 $S=0.12\times CADR$；

当 $k_v=1.0\ h^{-1}$ 时,计算得到适用面积 $S=0.07\times CADR$。

因此,适用面积=(0.07～0.12)CADR。

这时,当居室面积为 1 m² 时,其对应的 CADR 值在 8 m³/h～14 m³/h 之间;换句话说,消费者可以根据实际使用的环境条件在这个范围内选择适配,颗粒物负载浓度高时,可以选择高限(14 m³/h),颗粒物负载浓度低时可适当减少。

39. 如果一台净化器在累积净化量 CCM 一栏标注"CCM 颗粒物 P3",表示的是什么含义?

首先,按照 GB/T 18801—2015《空气净化器》,每一台净化器的能力指标均有两部分组成:即"洁净空气量"CADR 和"累积净化量"CCM 。而"累积净化量"CCM 一定是针对某一台净化器的"洁净空气量"CADR 的,它是 CADR 耐久性的指标,脱离了对应的 CADR,CCM 指标是没有意义的。

其次,在 GB/T 18801—2015《空气净化器》附录 D 中,明确规定了净化器对颗粒物的"累积净化量"CCM 的评价按表 5-5 区间分档:

表 5-5　累积净化量的评价

区间分档	累积净化量 $M_{颗粒物}$/mg
P1	$3\ 000 \leqslant M < 5\ 000$
P2	$5\ 000 \leqslant M < 8\ 000$
P3	$8\ 000 \leqslant M < 12\ 000$
P4	$12\ 000 \leqslant M$
注:实测 M 小于 3 00 0mg,不对其进行"累积净化量"评价。	

假设一台净化器的 $CADR_{[颗粒物]}$ 为 400,它对应的 CCM 值在"$8\ 000 \leqslant M < 12\ 000$",这时,其累积净化量即可以用"P3"来表示,即表示这台净化器的净化能力 CADR 值(初始值)在经过一定时间的工作后,衰减至初始值的一半时,可累积净化掉颗粒物的质量在 8 000 mg～12 000 mg。

40. 净化器的能效水平如何评价?

空气净化器一般都是需要通电工作的,对通电工作的电器,一般都要考察其能源消耗的水平。能效水平高的净化器表现在,处理污染物的能力较高,但消耗的电能相对较少。基于此,新修订的国标中,将净化器的能效水平列为了一项产品的技术指标,并给出了净化器的能效水平的定义:"净化器在额定状态下单位功耗所产生的洁净空气量。单位为立方米每瓦特小时[m³/(W·h)]"。

净化器针对不同的目标污染物,会有不同的能效水平值。新国标中规定,对于去除颗粒物,其能效水平应该为表 5-6 所示。

表 5-6　去除颗粒物的能效水平

净化能效等级	净化能效 $\eta_{颗粒物}$/[m³/(W·h)]
高效级	$\eta \geqslant 5.00$
合格级	$2.00 \leqslant \eta < 5.00$

对于气态污染物,其能效水平应该为表 5-7 所示。

表 5-7　去除气态污染物的能效水平

净化能效等级	净化能效 $\eta_{气态污染物}$/[m³/(W·h)]
高效级	$\eta \geqslant 1.00$
合格级	$0.50 \leqslant \eta < 1.00$

41. 净化器价格的差异体现在哪里?

任何产品的价格都应该是产品成本的体现。在不考虑各种额外的附加功能和品牌因素前提下,对某一台净化器的各项成本分析后,即可作为判定它的价值(价格)依据。

对一台净化器成本分析主要表现在两个方面,即设计成本和材料成本。

设计成本主要在于前期的产品开发投入,一台好的净化器,经过各项优化设计必然可以使它产生较高的性价比,如产品设计的能效水平较高,噪声很低,CADR 的初始值较高等。

而材料成本主要取决于滤材的成本,好的滤材,可以持续使用很长的时间。这样,净化器价格必然是上述两项成本的叠加。

在产品性能指标的体现上,就是"洁净空气量"CADR 和"累积净化量"CCM 的大小。新修订的净化器国标以"洁净空气量"CADR 和"累积净化量"CCM 作为评价净化器的品质指标,是有充分依据的。如图 5-6 所示。

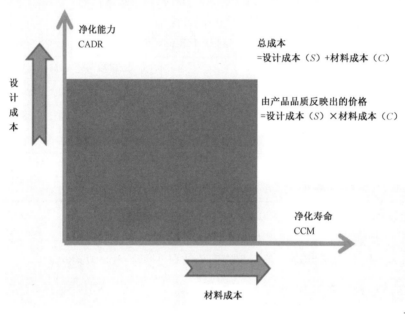

图 5-6　净化器成本和品质

42. 什么是"声压值""声功率值"?

"声压值"和"声功率值"都是衡量噪声大小或强弱的指标。通常在电器产品工作时,标注的噪声大小,常用这两个指标。

"声压值"是指声源产生的声音对人耳造成的压力换算得到的噪声分贝大小(以 20 μPa 为 0 分贝),该值与发声源离人耳的距离直接负相关;"声功率值"是声源产生的声音的总功率值直接换算得到的噪声分贝大小(以 1 pW 为 0 分贝),该值反映声源的强弱,与人耳离发声源距离无关。因此,"声压值"表征的比较直观,而"声功率值"表示的就相对客观。

"声压值"和"声功率值",在规定了测试条件的情况下可以相互转化。因为"声功率值"表示噪声的强弱相对科学客观,不是仅凭人的直觉,所以,一般电器标注的噪声值,将逐渐以"声功率值"表示。

43. 空气净化器上带的"净化状态显示"准确吗?

目前有些的空气净化器上带有"净化状态显示"装置,这类装置是基于两种传感器针对不同性质的污染物质,即红外光源光散射式颗粒物传感器检测颗粒物;电化学式传感器检测甲醛、VOC 等。

在较好的传感器质量及周边电路信号处理得当的情况下,传感器的检测结果与实际情况可以达到较好的相关度,即可以作为净化状态的参考。但由于其检测原理、成本以及寿命等限制,不可能达到与专用试验室级应用的传感器类应有的准确度和精度。

44. 风量和 CADR 是一回事吗？能否直接看风量衡量净化器的性能？

风量和 CADR 不同，风量是机器实际送出的每小时出风体积量，而 CADR 是净化器输出的"绝对干净"的每小时等效出风体积。前者只与机器的风道、风机机械设计有关，而后者还与机器所用的滤网质量有关。风量高达 1 000 m³/h 的机器，由于其所用滤网的质量，可能 CADR 只有 500 m³/h。且一台机器的 CADR 可能有多个，固态 CADR500 m³/h 的机器，甲醛 CADR 可能只有 100 m³/h。市面上某些厂商仅通过宣传风量而不提及 CADR 来代表机器的净化性能，是不严谨的，存在夸大宣传误导消费者之嫌疑。

45. 净化器宣称"1 h 内将室内空气循环 4 次（或 5 次）"是什么意思？

这是从新风系统中拿来的概念偷换。在净化器这种内循环中，净化器出风口的洁净空气与室内未过滤的脏空气实时混合，不存在一个确切的循环次数的概念。衡量净化器的瞬时能力，还是以 CADR 作为一个准确的客观数值。

（二）使用

46. 什么时候需要使用空气净化器？

一般情况下，根据环境污染的情况，并建议在居室内有人的时候使用。空气净化器不但可以净化室外渗透和室内发生的各种污染源，还可以持续改善室内空气环境。

由于大气环境污染的加剧，消费者均希望在居室内营造一个污染相对小，空气洁净的环境。如果室外空气污染指数达到中度以上的水平（污染指数在 200 以上），这是将居室的门窗关好，启动净化器，尤其是在夜间，效果会很好。

除了大气环境污染外，还有就是内部的污染，如烟尘、异味新装修后的化学污染物释放等，这时，使用净化器也会有良好的效果。

47. 空气净化器的使用安全注意事项有哪些？

（1）净化器在使用时禁忌磕碰，因为一般的净化器都是靠风机带动循环空气进行过滤净化的，意外磕碰可能会导致净化器的风道（循环风系统）产生形变，使净化过滤效果产生变化，或者，使工作噪声变大。

（2）注意实际的使用效果。对于持续产生空气污染物，使用净化器时对滤材的耗损很大，需注意。即不要在大气环境污染相对严重时，敞开门窗（或不将门窗关紧）使用净化器。另外，对于新装修的居室，一定要预先估测一下室内化学污染物（如甲醛、苯类）的成分含量（浓度水平），再选配使用的产品。

（3）注意滤网使用的寿命，及时更新或清洁，避免滋生霉菌。

（4）静电式空气净化器的使用，还需注意长时间使用后的电气安全和其他有害物质的释放（如臭氧的产生浓度）。

48. 空气净化器的低风挡和高风挡效果一样吗？

从实际的净化效果看，净化器的低风挡和高风挡效果是不一样的。一般讲，净化器的净化效果与"风挡"呈正相关性（但并非线性关系），即低风挡通常净化效果较弱，高风挡通常净化效果较强（"风量"和"CADR"虽然物理单位一样，都是 m³/单位时间，但含义却不同；CADR 是洁净空气的产生量，它与风量的比值，可以理解为"当量一次过滤效率"，这可以对比暖通空调领域的"一次过滤效率"的概念；对于一台特定的净化器，总有一个"当量一次过滤效率"的最大值，在此最大值下的风量及对应的 CADR，应该是最佳风量）。但低风挡由于风速较小，所以噪声较低。高风挡风速较大，噪声也较大。用户可以根据实际需要选择合适风挡使用。

49. 空气净化器放在房间的什么地方使用？

目前，空气净化器的种类很多，一般居室多为地面置放的，作用的空间较大；也有壁挂的，还有小范围空间使用的（窗前、桌面等）。

以过滤式为主的空气净化器最好放在房间内接近人活动空间的墙边使用。离墙距离大约 0.2 m～0.5 m 较为合适。要注意进出风口，不能直接对着墙。

静电式的空气净化器可能对使用空间的电气环境会有特殊要求，需按照使用说明书操作使用。

50. 需要根据"适用面积"来决定空气净化器使用的房间吗？

"适用面积"对于空气净化器只是个参考性指标，多大的"洁净空气量"（CADR）可适配多大的居室，这就如同多大制冷量（kW）的空调器适配多大的房间一样，仅是一个大概的估算值。

因此，没有必要严格根据"适用面积"来使用空气净化器，但却可以作为选购使用时的参考。

51. 空气净化器适合小孩或孕妇用吗？

空气净化器和电冰箱、电饭煲等其他常用家用电器一样，是家庭中的普遍使用的消费品。一般讲，如不特殊作出说明，不存在特殊使用人群区别，因此，完全适合小孩或孕妇的使用。

儿童和孕妇属于特殊消费群体，也是对空气质量的敏感群体，只要经过正规检验测试的空气净化器，符合产品安全的规定，质量可靠，就可以放心的使用。

52. 空气净化器的滤网都是一样的吗？

不同的空气净化器其滤网也不尽相同，而不同的滤网其对污染物的净化过滤功能和效果也不一样。对于空气净化器来讲，滤网是关键核心部件，因此，滤网的用材及质量十分重要。

需要指出的是，不同的净化器，其滤材是否可以互换，需要根据产品的具体使用说明来操作配置和更换。

建议根据自身的实际情况，在咨询相关销售商后，按照使用说明合理选购和使用。

53. 空气净化器耗电吗？

空气净化器作为家电产品的一类，工作时是需要能源（电能）的。过滤式净化器主要是靠风机循环过滤空气消耗能量；静电式净化器靠产生高压除尘电场工作，也要消耗一定的电能，但比较空调器、电冰箱和电饭锅等，电能消耗明显要小。

选购和使用时，可以参考"能效比"这个指标。能效比越大的空气净化器，在提供相同的净化效果时，耗电小，经济环保。一般来说，家用空气净化器除启动待机功能，包括远程控制等，主机的耗电量都一般都仅有几十瓦，大一些的也在仅 100 W 左右。

54. 如何让净化器达到较好的颗粒物净化效果？

（1）应尽量减少开窗以减少新污染物的引入，特别是在室外环境较差的情况下；

（2）净化器应在合适大小的房间使用。房间过大可能导致净化器的 CADR（或风量）不足以在室内形成空气循环；

（3）应当尽量按照产品要求更换、清洗滤材。

55. 在关闭门窗的新装修房间内运行空气净化器，为什么一段时间后甲醛的浓度未有明显降低？

在关闭门窗的新装修房间内，甲醛的实际浓度变化可理解为净化器的净化速率和房间甲醛释放速度的竞争,净化速率占优则浓度下降,释放速率占优则浓度升高。

事实上,装修材料或家具中所含的甲醛呈一个持续释放的状态,释放时间最长可达十年以上,而且材料或家具越新,其甲醛释放速率越大。对于关闭门窗的新装修房间,一般其释放速率均远大于净化器净化速率,因此会出现"甲醛浓度不降反升"的情况。

鉴于新房的甲醛释放远大于正常居室,因此建议采用净化器和开窗换气相结合的处理方式,或尽量选择相对环保的装修材料及家具。

56. 国家标准中规定了气态污染物 CADR 指标,其中以甲醛作为代表性测试污染物,是不是说甲醛就是室内最主要的气态污染物?

不一定。事实上室内气态污染物相当复杂,有关的实测证实,一般的居室内会(包括新装修的)会有很多种类的污染物质,包括苯系物、挥发性有机物、半挥发性有机物、多种有害无机气体等,而甲醛只是常见的室内气态污染物之一。

新国标中选择甲醛作为典型污染物,是因为甲醛是一种家居环境中很典型的化学污染物,对人类的健康影响明显、且不易被去除。有资料显示,在各种(劣质)的装修材料(或家具)中,甲醛的半衰期长大3~7年,正因为此,选其作为代表性的化学污染物。同时需要说明,

标准中对空气净化器去除甲醛能力的测试(CADR 值),仅是在试验室环境下、甲醛单一成分测出的。

实际家庭环境中还有很多种类的有害气态污染物,因此消费者在选购时也应当多关注净化器对其他室内常见污染物的净化性能。

57. 空气净化器会产生臭氧吗?

客观讲,某些净化器的净化原理,如静电、负离子、紫外线光催化、等离子等技术,或多或少都会存在释放臭氧的问题。此外,臭氧还是自然界大气成分的一部分,安全浓度以下对人体是无害的。

许多电子原件和净化模块,如离子、静电、紫外、催化或电机产生的火花等都有可能产生微量臭氧。国家标准中对空气净化器的臭氧释放有强制性规定,这也是国际上通行的标准;选购时要选用符合臭氧释放标准的净化器。

58. 刚装修的房子可以在使用净化器的前提下直接入住吗?

对于刚装修好的房间,如果怀疑有甲醛等挥发性有机物的释放,有条件的,可以先找环境保护部门测试一下居室内环境质量,以及污染物成分,进而确定污染源可能产生的地方。

如果装修好后房子中的污染物浓度(甲醛、VOC 等)未超标或超标不明显可以。如超标太多则需考虑通风一段时间后再测量其浓度值,选用合适的净化器方可入住。

如果明显超标,最好的办法是根治移除污染源。因为,仅仅想依靠净化器对甲醛超标的房间是解决不了根本问题的。净化器毕竟不是劳保用品。

59. 净化器有哪些人性化功能在选购时需考虑?

所谓净化器的人性化功能都是为了更好地发挥产品的使用效果。选购及使用时,可考虑以下功能特性:

如在卧室中使用,需要可以将所有指示灯熄灭并正常运转的功能,供睡眠时用;
静音模式,供睡眠时使用;
地脚滚轮可移动,方便移动;
自动模式,方便自动变频调节挡位,降低噪声,节省能源,延长滤网寿命;

远程实时监控,便于远程实时监控家中空气质量;

空气质量显示,可以实时了解净化效果;

滤网更换提醒,避免更换不及时导致二次污染;

儿童锁,避免儿童误操作。

(三)保养、滤材清洗或更换

60.空气净化器的常规保养有哪些?

常规保养一般指消费者按照说明书规定的要求进行的保养,因此,对于净化器的家庭常规保养,一定要按照使用说明书的要求进行。

常规保养一般不需要通过专业人员进行专门的维护和保养,一般的家用型空气净化器均可由消费者或使用者自己进行保养,如进出风口的擦洗;间歇使用的净化器还包括使用时将其罩布打开,不用时将其移至适当的位置并用防尘罩罩好等。

常规保养包含应视净化器的具体工作形式、工作原理、机构等不同会有所不同,因此,应首先了解其都由那些工作原理构成,然后应根据使用说明书的要求,分步骤或针对性地进行保养。

61.外观擦洗和滤网擦洗(指可擦洗滤网)应该注意什么?

对于净化器的外观,如果是塑料合成材料构成,除了使用说明书规定的擦洗试剂会擦洗方式外,忌用腐蚀性强的擦洗试剂擦洗。如果有传感器等感应装置、探头等,如何清洗,将按照说明书进行操作。

对于可擦洗式滤网,如何拆卸清洗,一定要按照使用说明书的示范和要求进行。

有些净化器前置有"预过滤滤芯"作用是为了阻挡住较大的污染物,主要是靠机械物理净化作用,使用者可以根据所在地及家庭情况差异,使用频繁时,建议1~2周清洁一次;预过滤网一般均设计为可时常清新的结构,且拆洗方便。

62.HEPA滤芯/活性炭滤芯应该多久更换?

HEPA滤芯/活性炭滤芯能够使用多久,这完全取决于滤网针对的特定目标污染物(如甲醛等)净化所能维持的使用效果和时间。新国标中根据室外颗粒物浓度和室内甲醛浓度,依据一定假设前提,计算了每天所需去除的颗粒物和甲醛的量。用户可参考这些数据,并根据自己所经历的室外和室内污染情况,推算多长时间需要更换滤网。

高挡的净化器会记录用户的使用偏好(习惯)和使用环境,自动预测更换/维护滤网的时间,或者通过先进传感器,检测出滤材的实际寿命;用户可根据厂家明确的指示进行更换。

如未对滤材寿命做出明示,建议按照不同的污染情况,3~12个月更换为宜;如正常使用条件下发生异味等情况,应立即更换。

63.如何理解滤网更换提醒的功能?

对于其主要净化作用的核心滤材,空气净化器厂商通常会推荐一个更换周期,该周期仅是一个参考值,建议用户还是要根据具体使用情况决定是否更换,或者结合制造商的相关提示,确定实际更换的时间。

一般讲,好的滤材,实际的使用效果和时间会相对长一些,何时更换滤材,时间并不一定是主要的参考依据,应该结合实际使用的环境污染负载水平和实际使用时间来加权考虑。如果净化器上的"更换滤材提示传感器"能根据上述情况作出"加权计算",则更好。

一般地,在新装修的房间,或雾霾污染很严重的时候,滤材的使用寿命只有普通使用环境的几分之一。如无法做出有效判断,以较勤的频率更换滤网是较为安全的选择。

64. 滤材在太阳下晒晒就可以继续使用吗？

这种说法是缺乏根据的。一般情况下，滤材的使用与消耗是个不可逆过程，仅仅通过太阳晒一晒，是无法从根本上起到有效更新的效果的。

使用过程中，如果房间内的污染状况无法有效下降时，或者闻到机器内部有散发异味时，需要及时查明原因，找出问题所在；或者直接咨询生产厂家，并在厂家的指导下对机器内部进行清洁。

空气净化器厂商在使用说明中通常会有清洁周期提示，勤于清洁并合理地操作，将有利于保持净化器，尤其是静电式空气净化器的使用性能。

65. 静电式空气净化器如何清洁？

静电式空气净化器由于其净化原理和结构的特殊性，需要使用者在使用过程中不断地清洗，以保持净化功能，这一点很重要，也是区别于一般滤网式净化器的不同之处。

但清洗时，一定要参考各厂家的使用说明。一般来说，净化器中的静电部件都是使用防水材料，可使用清水或者非腐蚀性的清洁剂做彻底清洁，然后清水涤净后彻底晾干或吹干后再放入。机器内部在长期使用后，也需要擦拭干净。没有及时清洁的静电部件，可能会出现打火等故障。

四、空气净化器的相关适用标准

66. 空气净化器产品都有哪些相关适用的国家/行业标准？

空气净化器相关适用的国家/行业标准主要有 GB 4706《家用和类似用途电器的安全》系列标准、GB/T 18801《空气净化器》、GB 21551《家用和类似用途电器的抗菌、除菌、净化功能》系列标准、GB/T 4214.1《声学家用电器及类似用途器具噪声测试方法 第 1 部分：通用要求》、GB 19606《家用和类似用途电器噪声限值》、GB/T 1019《家用和类似用途电器包装通则》、GB 5296.2《消费品使用说明 第 2 部分：家用和类似用途电器》等标准。

这几项标准分别从安全、性能（使用性能、抗菌除菌性能、噪声性能等）、包装及使用说明等方面对产品做出了规定。

67. GB 4706 系列标准的内容和意义是什么？

GB 4706《家用和类似用途电器的安全》系列标准以等同采用最新的 IEC 60335 系列标准为原则，其中，涉及空气净化器安全的标准是 GB 4706.45，该标准共有 32 章，分别从电气安全、机械安全、发热、非正常操作、辐射和类似危险等方面对电器产品的安全作出了要求。

GB 4706 系列标准是国家强制执行的标准，凡是市场上出售的产品，均应符合该系列标准的要求。

对空气净化器产品来说，安全性能应满足 GB 4706 系列标准涉及 GB 4706.1《家用和类似用途电器的安全 第 1 部分：通用要求》以及 GB 4706.45《家用和类似用途电器的安全 空气净化器的特殊要求》两项标准。

68. GB 21551 系列标准的内容和意义是什么？

GB 21551《家用和类似用途电器的抗菌、除菌、净化功能》系列强制性国家标准同样强调产品的安全性能，对宣称具有上述功能的家用电器中凡与食品接触、使用中与人密切接触的具有抗菌、除菌、杀菌、防霉部件材料必须进行卫生安全性评价。测试项目涵盖了有害物质释放量、毒理学测试、抗菌材料溶出性等指标。

只要企业生产和销售的产品宣称有抗菌、除菌、净化功能，就必须达到这些标准的要求。

对空气净化器产品来说，GB 21551 系列标准主要涉及 GB 21551.1《家用和类似用途电器的抗菌、除菌、净化功能通则》、GB 21551.2《家用和类似用途电器的抗菌、除菌、净化功能抗菌材料的特殊要求》、GB 21551.3《家用和类似用途电器的抗菌、除菌、净化功能空气净化器的特殊要求》标准。

69. 空气净化器噪声相关标准的内容和意义是什么？

涉及空气净化器噪声测试方法和限值的两项标准分别为 GB/T 4214.1《声学家用电器及类似用途器具噪声测试方法 第1部分:通用要求》和 GB 19606《家用和类似用途电器噪声限值》。前者修改采用IEC 60704.1《家用和类似用途电器噪声测试方法 第1部分:通用要求》标准,提出了家用电器产品(包含空气净化器)的声功率级噪声测试方法;后者则对家用电器产品(包含空气净化器)的噪声限值提出了要求。

GB/T 4214.1 为推荐性国家标准,可参考执行;GB 19606 为强制性国家标准,即市场上出售家用电器产品,其噪声值均应低于 GB 19606 中规定的限值。

70. GB/T 1019 的内容和意义是什么？

GB/T 1019《家用和类似用途电器包装通则》对家用电器产品的防潮包装、防霉包装、防锈包装、防震包装提出了要求以及具体的测试方法。空气净化器产品包装可参考该标准执行。

71. GB 5296.2 的内容和意义是什么？

GB 5296.2《消费品使用说明 第2部分:家用和类似用途电器》对家用电器产品(包含空气净化器)使用说明编制的基本原则、基本要求、标注内容和标注要求作出了规定。

GB 5296.2 为强制性国家标准,所有家电产品的使用说明(包含产品上应标注的内容、产品销售包装上标注的内容和使用说明书标注的内容)均应执行该标准的要求。

第六部分

参考标准

ICS 13.040.01
Z 50

中华人民共和国国家标准

GB/T 18883—2002

室内空气质量标准

Indoor air quality standard

2002-11-19发布

2003-03-01实施

国家质量监督检验检疫总局
卫　　　　　　　生　　　　　　部　发布
国 家 环 境 保 护 总 局

前　言

为保护人体健康,预防和控制室内空气污染,制定本标准。

本标准的附录 A、附录 B、附录 C、附录 D 为规范性附录。

本标准为首次发布。

本标准由卫生部、国家环保总局《室内空气质量标准》联合起草小组起草。

本标准主要起草单位:中国疾病预防控制中心环境与健康相关产品安全所,中国环境科学研究院环境标准研究所,中国疾病预防控制中心辐射防护安全所,北京大学环境学院,南开大学环境科学与工程学院,北京市劳动保护研究所,清华大学建筑学院,中国科学院生态环境研究中心,中国建筑材料科学院环保所。

本标准于 2002 年 11 月 19 日由国家质量监督检验检疫总局、卫生部、国家环境保护总局批准。

本标准由国家质量监督检验检疫总局提出。

本标准由国家环境保护总局和卫生部负责解释。

室内空气质量标准

1 范围

本标准规定了室内空气质量参数及检验方法。

本标准适用于住宅和办公建筑物,其它室内环境可参照本标准执行。

2 规范性引用文件

下列文件中的条款通过本标准的引用而成为本标准的条款。凡是注日期的引用文件,其随后所有的修改单(不包括勘误的内容)或修订版均不适用于本标准,然而,鼓励根据本标准达成协议的各方研究是否可使用这些文件的最新版本。凡是不注日期的引用文件,其最新版本适用于本标准。

GB/T 9801　空气质量　一氧化碳的测定　非分散红外法

GB/T 11737　居住区大气中苯、甲苯和二甲苯卫生检验标准方法　气相色谱法

GB/T 12372　居住区大气中二氧化氮检验标准方法　改进的 Saltzman 法

GB/T 14582　环境空气中氡的标准测量方法

GB/T 14668　空气质量　氨的测定　纳氏试剂比色法

GB/T 14669　空气质量　氨的测定　离子选择电极法

GB 14677　空气质量　甲苯、二甲苯、苯乙烯的测定　气相色谱法

GB/T 14679　空气质量　氨的测定　次氯酸钠-水杨酸分光光度法

GB/T 15262　环境空气　二氧化硫的测定　甲醛吸收-副玫瑰苯胺分光光度法

GB/T 15435　环境空气　二氧化氮的测定　Saltzman 法

GB/T 15437　环境空气　臭氧的测定　靛蓝二磺酸钠分光光度法

GB/T 15438　环境空气　臭氧的测定　紫外光度法

GB/T 15439　环境空气　苯并[a]芘测定　高效液相色谱法

GB/T 15516　空气质量　甲醛的测定　乙酰丙酮分光光度法

GB/T 16128　居住区大气中二氧化硫卫生检验标准方法　甲醛溶液吸收-盐酸副玫瑰苯胺分光光度法

GB/T 16129　居住区大气中甲醛卫生检验标准方法　分光光度法

GB/T 16147　空气中氡浓度的闪烁瓶测量方法

GB/T 17095　室内空气中可吸入颗粒物卫生标准

GB/T 18204.13　公共场所空气温度测定方法

GB/T 18204.14　公共场所空气湿度测定方法

GB/T 18204.15　公共场所风速测定方法

GB/T 18204.18　公共场所室内新风量测定方法

GB/T 18204.23　公共场所空气中一氧化碳测定方法

GB/T 18204.24　公共场所空气中二氧化碳测定方法

GB/T 18204.25　公共场所空气中氨测定方法

GB/T 18204.26　公共场所空气中甲醛测定方法

GB/T 18204.27　公共场所空气中臭氧测定方法

3 术语和定义

3.1

室内空气质量参数 indoor air quality parameter

指室内空气中与人体健康有关的物理、化学、生物和放射性参数。

3.2

可吸入颗粒物 particles with diameters of 10 μm or less，PM10

指悬浮在空气中，空气动力学当量直径小于等于 10 μm 的颗粒物。

3.3

总挥发性有机化合物 total volatile organic compounds，TVOC

利用 Tenax GC 或 Tenax TA 采样，非极性色谱柱(极性指数小于10)进行分析，保留时间在正己烷和正十六烷之间的挥发性有机化合物。

3.4

标准状态 normal state

指温度为 273 K，压力为 101.325 kPa 时的干物质状态。

4 室内空气质量

4.1 室内空气应无毒、无害、无异常嗅味。

4.2 室内空气质量标准见表1。

表 1 室内空气质量标准

序号	参数类别	参 数	单位	标准值	备 注
1	物理性	温度	℃	22~28	夏季空调
				16~24	冬季采暖
2		相对湿度	%	40~80	夏季空调
				30~60	冬季采暖
3		空气流速	m/s	0.3	夏季空调
				0.2	冬季采暖
4		新风量	m³/h·人	30[a]	
5	化学性	二氧化硫 SO_2	mg/m³	0.50	1 h 均值
6		二氧化氮 NO_2	mg/m³	0.24	1 h 均值
7		一氧化碳 CO	mg/m³	10	1 h 均值
8		二氧化碳 CO_2	%	0.10	日平均值
9		氨 NH_3	mg/m³	0.20	1 h 均值
10		臭氧 O_3	mg/m³	0.16	1 h 均值
11		甲醛 HCHO	mg/m³	0.10	1 h 均值
12		苯 C_6H_6	mg/m³	0.11	1 h 均值
13		甲苯 C_7H_8	mg/m³	0.20	1 h 均值
14		二甲苯 C_8H_{10}	mg/m³	0.20	1 h 均值
15		苯并[a]芘 B(a)P	ng/m³	1.0	日平均值
16		可吸入颗粒 PM10	mg/m³	0.15	日平均值
17		总挥发性有机物 TVOC	mg/m³	0.60	8 h 均值
18	生物性	菌落总数	cfu/m³	2 500	依据仪器定[b]
19	放射性	氡 ^{222}Rn	Bq/m³	400	年平均值（行动水平[c]）

[a] 新风量要求不小于标准值,除温度、相对湿度外的其它参数要求不大于标准值。

[b] 见附录 D。

[c] 行动水平即达到此水平建议采取干预行动以降低室内氡浓度。

5 室内空气质量检验

5.1 室内空气中各种参数的监测技术见附录 A。

5.2 室内空气中苯的检验方法见附录 B。

5.3 室内空气中总挥发性有机物(TVOC)的检验方法见附录 C。

5.4 室内空气中菌落总数检验方法见附录 D。

附 录 A

（规范性附录）

室内空气监测技术

A.1 范围

本附录规定了室内空气监测时的选点要求、采样时间和频率、采样方法和仪器、室内空气中各种参数的检验方法、质量保证措施、测试结果和评价。

A.2 选点要求

A.2.1 采样点的数量：采样点的数量根据监测室内面积大小和现场情况而确定，以期能正确反映室内空气污染物的水平。原则上小于 50 m² 的房间应设（1～3）个点；50 m²～100 m² 设（3～5）个点；100 m² 以上至少设 5 个点。在对角线上或梅花式均匀分布。

A.2.2 采样点应避开通风口，离墙壁距离应大于 0.5 m。

A.2.3 采样点的高度：原则上与人的呼吸带高度相一致。相对高度 0.5 m～1.5 m 之间。

A.3 采样时间和频率

年平均浓度至少采样 3 个月，日平均浓度至少采样 18 h，8 h 平均浓度至少采样 6 h，1 h 平均浓度至少采样 45 min，采样时间应函盖通风最差的时间段。

A.4 采样方法和采样仪器

根据污染物在室内空气中存在状态，选用合适的采样方法和仪器，用于室内的采样器的噪声应小于 50 dB(A)。具体采样方法应按各个污染物检验方法中规定的方法和操作步骤进行。

A.4.1 筛选法采样：采样前关闭门窗 12 h，采样时关闭门窗，至少采样 45 min。

A.4.2 累积法采样：当采用筛选法采样达不到本标准要求时，必须采用累积法（按年平均、日平均、8 h 平均值）的要求采样。

A.5 质量保证措施

A.5.1 气密性检查：有动力采样器在采样前应对采样系统气密性进行检查，不得漏气。

A.5.2 流量校准：采样系统流量要能保持恒定，采样前和采样后要用一级皂膜计校准采样系统进气流量，误差不超过 5%。

采样器流量校准：在采样器正常使用状态下，用一级皂膜计校准采样器流量计的刻度，校准 5 个点，绘制流量标准曲线。记录校准时的大气压力和温度。

A.5.3 空白检验：在一批现场采样中，应留有两个采样管不采样，并按其他样品管一样对待，作为采样过程中空白检验，若空白检验超过控制范围，则这批样品作废。

A.5.4 仪器使用前，应按仪器说明书对仪器进行检验和标定。

A.5.5 在计算浓度时应用下式将采样体积换算成标准状态下的体积：

$$V_0 = V \frac{T_0}{T} \cdot \frac{p}{p_0}$$

式中：

V_0——换算成标准状态下的采样体积，L；

V——采样体积，L；

T_0——标准状态的绝对温度,273 K;

T——采样时采样点现场的温度(t)与标准状态的绝对温度之和,($t+273$)K;

p_0——标准状态下的大气压力,101.3 kPa;

p——采样时采样点的大气压力,kPa。

A.5.6 每次平行采样,测定之差与平均值比较的相对偏差不超过20%。

A.6 检验方法

室内空气中各种参数的检验方法见表 A.1。

表 A.1 室内空气中各种参数的检验方法

序号	参数	检验方法	来源
1	二氧化硫 SO_2	甲醛溶液吸收-盐酸副玫瑰苯胺分光光度法	GB/T 16128 GB/T 15262
2	二氧化氮 NO_2	改进的 Saltzaman 法	GB 12372 GB/T 15435
3	一氧化碳 CO	(1) 非分散红外法 (2) 不分光红外线气体分析法 气相色谱法 汞置换法	(1) GB/T 9801 (2) GB/T 18204.23
4	二氧化碳 CO_2	(1) 不分光红外线气体分析法 (2) 气相色谱法 (3) 容量滴定法	GB/T 18204.24
5	氨 NH_3	(1) 靛酚蓝分光光度法 纳氏试剂分光光度法 (2) 离子选择电极法 (3) 次氯酸钠-水杨酸分光光度法	(1) GB/T 18204.25 GB/T 14668 (2) GB/T 14669 (3) GB/T 14679
6	臭氧 O_3	(1) 紫外光度法 (2) 靛蓝二磺酸钠分光光度法	(1) GB/T 15438 (2) GB/T 18204.27 GB/T 15437
7	甲醛 HCHO	(1) AHMT 分光光度法 (2) 酚试剂分光光度法 气相色谱法 (3) 乙酰丙酮分光光度法	(1) GB/T 16129 (2) GB/T 18204.26 (3) GB/T 15516
8	苯 C_6H_6	气相色谱法	(1) GB/T 18883 附录 B (2) GB 11737
9	甲苯 C_7H_8、二甲苯 C_8H_{10}	气相色谱法	(1) GB 11737 (2) GB 14677
10	苯并[a]芘 B(a)P	高效液相色谱法	GB/T 15439
11	可吸入颗粒物 PM10	撞击式-称重法	GB/T 17095

表 A.1(续)

序号	参数	检 验 方 法	来 源
12	总挥发性有机化合物 TVOC	气相色谱法	GB/T 18883 附录 C
13	菌落总数	撞击法	GB/T 18883 附录 D
14	温度	(1) 玻璃液体温度计法 (2) 数显式温度计法	GB/T 18204.13
15	相对湿度	(1) 通风干湿表法 (2) 氯化锂湿度计法 (3) 电容式数字湿度计法	GB/T 18204.14
16	空气流速	(1) 热球式电风速计法 (2) 数字式风速表法	GB/T 18204.15
17	新风量	示踪气体法	GB/T 18204.18
18	氡^{222}Rn	(1) 空气中氡浓度的闪烁瓶测量方法 (2) 径迹蚀刻法 (3) 双滤膜法 (4) 活性炭盒法	(1) GB/T 14582 (2) GB/T 16147 (3) GB/T 14582 (4) GB/T 14582

A.7 记录

采样时要对现场情况、各种污染源、采样日期、时间、地点、数量、布点方式、大气压力、气温、相对湿度、空气流速以及采样者签字等做出详细记录,随样品一同报到实验室。

检验时应对检验日期、实验室、仪器和编号、分析方法、检验依据、实验条件、原始数据、测试人、校核人等做出详细记录。

A.8 测试结果和评价

测试结果以平均值表示,化学性、生物性和放射性指标平均值符合标准值要求时,为符合本标准。如有一项检验结果未达到本标准要求时,为不符合本标准。

要求年平均、日平均、8 h 平均值的参数,可以先做筛选采样检验。若检验结果符合标准值要求,为符合本标准。若筛选采样检验结果不符合标准值要求,必须按年平均、日平均、8 h 平均值的要求,用累积采样检验结果评价。

附　录　B

（规范性附录）

室内空气中苯的检验方法

（毛细管气相色谱法）

B.1　方法提要

B.1.1　相关标准和依据

本方法主要依据 GB/T 11737《居住区大气中苯、甲苯和二甲苯卫生检验标准方法　气相色谱法》。

B.1.2　原理

空气中苯用活性炭管采集，然后用二硫化碳提取出来。用氢火焰离子化检测器的气相色谱仪分析，以保留时间定性，峰高定量。

B.1.3　干扰和排除

当空气中水蒸汽或水雾量太大，以至在碳管中凝结时，严重影响活性炭的穿透容量和采样效率。空气湿度在 90% 以下，活性炭管的采样效率符合要求。空气中的其他污染物干扰，由于采用了气相色谱分离技术，选择合适的色谱分离条件可以消除。

B.2　适用范围

B.2.1　测定范围：采样量为 20 L 时，用 1 mL 二硫化碳提取，进样 1 μL，测定范围为 0.05 mg/m³～10 mg/m³。

B.2.2　适用场所：本法适用于室内空气和居住区大气中苯浓度的测定。

B.3　试剂和材料

B.3.1　苯：色谱纯。

B.3.2　二硫化碳：分析纯，需经纯化处理，保证色谱分析无杂峰。

B.3.3　椰子壳活性炭：20 目～40 目，用于装活性炭采样管。

B.3.4　高纯氮：氮的质量分数为 99.999%。

B.4　仪器和设备

B.4.1　活性炭采样管：用长 150 mm，内径 3.5 mm～4.0 mm，外径 6 mm 的玻璃管，装入 100 mg 椰子壳活性炭，两端用少量玻璃棉固定。装好管后再用纯氮气于 300℃～350℃ 温度条件下吹 5 min～10 min，然后套上塑料帽封紧管的两端。此管放于干燥器中可保存 5 d。若将玻璃管熔封，此管可稳定 3 个月。

B.4.2　空气采样器：流量范围 0.2 L/min～1 L/min，流量稳定。使用时用皂膜流量计校准采样系统在采样前和采样后的流量。流量误差应小于 5%。

B.4.3　注射器：1 mL。体积刻度误差应校正。

B.4.4　微量注射器：1 μL，10 μL。体积刻度误差应校正。

B.4.5　具塞刻度试管：2 mL。

B.4.6　气相色谱仪：附氢火焰离子化检测器。

B.4.7　色谱柱：0.53 mm×30 m 大口径非极性石英毛细管柱。

B.5 采样和样品保存

在采样地点打开活性炭管,两端孔径至少 2 mm,与空气采样器入气口垂直连接,以 0.5 L/min 的速度,抽取 20 L 空气。采样后,将管的两端套上塑料帽,并记录采样时的温度和大气压力。样品可保存 5 d。

B.6 分析步骤

B.6.1 色谱分析条件:由于色谱分析条件常因实验条件不同而有差异,所以应根据所用气相色谱仪的型号和性能,制定能分析苯的最佳的色谱分析条件。

B.6.2 绘制标准曲线和测定计算因子:在与样品分析的相同条件下,绘制标准曲线和测定计算因子。

用标准溶液绘制标准曲线:于 5.0 mL 容量瓶中,先加入少量二硫化碳,用 1 μL 微量注射器准确取一定量的苯(20℃时,1 μL 苯重 0.878 7 mg)注入容量瓶中,加二硫化碳至刻度,配成一定浓度的储备液。临用前取一定量的储备液用二硫化碳逐级稀释成苯含量分别为 2.0 μg/mL、5.0 μg/mL、10.0 μg/mL、50.0 μg/mL 的标准液。取 1 μL 标准液进样,测量保留时间及峰高。每个浓度重复 3 次,取峰高的平均值。分别以 1 μL 苯的含量(μg/mL)为横坐标(μg),平均峰高为纵坐标(mm),绘制标准曲线。并计算回归线的斜率,以斜率的倒数 B_s [μg/mm]作为样品测定的计算因子。

B.6.3 样品分析:将采样管中的活性炭倒入具塞刻度试管中,加 1.0 mL 二硫化碳,塞紧管塞,放置 1 h,并不时振摇。取 1 μL 进样,用保留时间定性,峰高(mm)定量。每个样品作 3 次分析,求峰高的平均值。同时,取一个未经采样的活性炭管按样品管同时操作,测量空白管的平均峰高(mm)。

B.7 结果计算

B.7.1 将采样体积按式(B.1)换算成标准状态下的采样体积:

$$V_0 = V \frac{T_0}{T} \cdot \frac{p}{p_0} \qquad\qquad\qquad\cdots\cdots\cdots\cdots\cdots(\text{B.1})$$

式中:

V_0——换算成标准状态下的采样体积,L;

V——采样体积,L;

T_0——标准状态的绝对温度,273 K;

T——采样时采样点现场的温度(t)与标准状态的绝对温度之和,$(t+273)$K;

p_0——标准状态下的大气压力,101.3 kPa;

p——采样时采样点的大气压力,kPa。

B.7.2 空气中苯浓度按式(B.2)计算:

$$c = \frac{(h - h')B_s}{V_0 \cdot E_s} \qquad\qquad\qquad\cdots\cdots\cdots\cdots\cdots(\text{B.2})$$

式中:

c——空气中苯或甲苯、二甲苯的浓度,mg/m³;

h——样品峰高的平均值,mm;

h'——空白管的峰高,mm;

B_s——由 B.6.2 得到的计算因子,μg/mm;

E_s——由实验确定的二硫化碳提取的效率;

V_0——标准状况下采样体积,L。

B.8 方法特性

B.8.1 检测下限:采样量为 20 L 时,用 1 mL 二硫化碳提取,进样 1 μL,检测下限为 0.05 mg/m³。

B.8.2 线性范围:10^6。

B.8.3 精密度:苯的浓度为 8.78 μg/mL 和 21.9 μg/mL 的液体样品,重复测定的相对标准偏差 7%和 5%。

B.8.4 准确度:对苯含量为 0.5 μg,21.1 μg 和 200 μg 的回收率分别为 95%,94%和 91%。

附　录　C

（规范性附录）
室内空气中总挥发性有机物（TVOC）的检验方法
（热解吸/毛细管气相色谱法）

C.1　方法提要

C.1.1　相关标准和依据

ISO 16017-1 Indoor, ambient and workplace air—Sampling and analysis of volatile organic compounds by sorbent tube/thermal desorption/capillary gas chromatography—Part 1: Pumped sampling

C.1.2　原理

选择合适的吸附剂（Tenax GC 或 Tenax TA），用吸附管采集一定体积的空气样品，空气流中的挥发性有机化合物保留在吸附管中。采样后，将吸附管加热，解吸挥发性有机化合物，待测样品随惰性载气进入毛细管气相色谱仪。用保留时间定性，峰高或峰面积定量。

C.1.3　干扰和排除

采样前处理和活化采样管和吸附剂，使干扰减到最小；选择合适的色谱柱和分析条件，本法能将多种挥发性有机物分离，使共存物干扰问题得以解决。

C.2　适用范围

C.2.1　测定范围：本法适用于浓度范围为 $0.5\ \mu g/m^3 \sim 100\ mg/m^3$ 之间的空气中 VOCs 的测定。

C.2.2　适用场所：本法适用于室内、环境和工作场所空气，也适用于评价小型或大型测试舱室内材料的释放。

C.3　试剂和材料

分析过程中使用的试剂应为色谱纯；如果为分析纯，需经纯化处理，保证色谱分析无杂峰。

C.3.1　VOCs：为了校正浓度，需用 VOCs 作为基准试剂，配成所需浓度的标准溶液或标准气体，然后采用液体外标法或气体外标法将其定量注入吸附管。

C.3.2　稀释溶剂：液体外标法所用的稀释溶剂应为色谱纯，在色谱流出曲线中应与待测化合物分离。

C.3.3　吸附剂：使用的吸附剂粒径为 0.18 mm～0.25 mm（60 目～80 目），吸附剂在装管前都应在其最高使用温度下，用惰性气流加热活化处理过夜。为了防止二次污染，吸附剂应在清洁空气中冷却至室温，储存和装管。解吸温度应低于活化温度。由制造商装好的吸附管使用前也需活化处理。

C.3.4　高纯氮：氮的质量分数为 99.999%。

C.4　仪器和设备

C.4.1　吸附管：是外径 6.3 mm，内径 5 mm，长 90 mm（或 180 mm），内壁抛光的不锈钢管，吸附管的采样入口一端有标记。吸附管可以装填一种或多种吸附剂，应使吸附层处于解吸仪的加热区。根据吸附剂的密度，吸附管中可装填 200 mg～1 000 mg 的吸附剂，管的两端用不锈钢网或玻璃纤维毛堵住。如果在一支吸附管中使用多种吸附剂，吸附剂应按吸附能力增加的顺序排列，并用玻璃纤维毛隔开，吸附能力最弱的装填在吸附管的采样入口端。

C.4.2　注射器：10 μL 液体注射器；10 μL 气体注射器；1 mL 气体注射器。

C.4.3　采样泵：恒流空气个体采样泵，流量范围 0.02 L/min～0.5 L/min，流量稳定。使用时用皂膜流量计校准采样系统在采样前和采样后的流量。流量误差应小于5%。

C.4.4 气相色谱仪:配备氢火焰离子化检测器、质谱检测器或其他合适的检测器。

色谱柱:非极性(极性指数小于10)石英毛细管柱。

C.4.5 热解吸仪:能对吸附管进行二次热解吸,并将解吸气用惰性气体载带进入气相色谱仪。解吸温度、时间和载气流速是可调的。冷阱可将解吸样品进行浓缩。

C.4.6 液体外标法制备标准系列的注射装置:常规气相色谱进样口,可以在线使用也可以独立装配,保留进样口载气连线,进样口下端可与吸附管相连。

C.5 采样和样品保存

将吸附管与采样泵用塑料或硅橡胶管连接。个体采样时,采样管垂直安装在呼吸带;固定位置采样时,选择合适的采样位置。打开采样泵,调节流量,以保证在适当的时间内获得所需的采样体积(1 L~10 L)。如果总样品量超过1 mg,采样体积应相应减少。记录采样开始和结束时的时间、采样流量、温度和大气压力。

采样后将管取下,密封管的两端或将其放入可密封的金属或玻璃管中。样品可保存14 d。

C.6 分析步骤

C.6.1 样品的解吸和浓缩

将吸附管安装在热解吸仪上,加热,使有机蒸气从吸附剂上解吸下来,并被载气流带入冷阱,进行预浓缩,载气流的方向与采样时的方向相反。然后再以低流速快速解吸,经传输线进入毛细管气相色谱仪。传输线的温度应足够高,以防止待测成分凝结。解吸条件见表C.1。

表 C.1 解吸条件

解吸温度	250℃~325℃
解吸时间	5 min~15 min
解吸气流量	30 mL/min~50 mL/min
冷阱的制冷温度	+20℃~-180℃
冷阱的加热温度	250℃~350℃
冷阱中的吸附剂	如果使用,一般与吸附管相同,40 mg~100 mg
载气	氦气或高纯氮气
分流比	样品管和二级冷阱之间以及二级冷阱和分析柱之间的分流比应根据空气中的浓度来选择

C.6.2 色谱分析条件

可选择膜厚度为1 μm~5 μm,50 m×0.22 mm的石英柱,固定相可以是二甲基硅氧烷或70%的氰基丙烷、70%的苯基、86%的甲基硅氧烷。柱操作条件为程序升温,初始温度50℃保持10 min,以5℃/min的速率升温至250℃。

C.6.3 标准曲线的绘制

气体外标法:用泵准确抽取100 μg/m³的标准气体100 mL、200 mL、400 mL、1 L、2 L、4 L、10 L通过吸附管,为标准系列。

液体外标法:利用C.4.6的进样装置分别取1 μL~5 μL含液体组分100 μg/mL和10 μg/mL的标准溶液注入吸附管,同时用100 mL/min的惰性气体通过吸附管,5 min后取下吸附管密封,为标准系列。

用热解吸气相色谱法分析吸附管标准系列,以扣除空白后峰面积为纵坐标,以待测物质量为横坐标,绘制标准曲线。

C.6.4 样品分析

每支样品吸附管按绘制标准曲线的操作步骤(即相同的解吸和浓缩条件及色谱分析条件)进行分析,用保留时间定性,峰面积定量。

C.7 结果计算

C.7.1 将采样体积按式(C.1)换算成标准状态下的采样体积:

$$V_0 = V \frac{T_0}{T} \cdot \frac{p}{p_0} \qquad\qquad \cdots\cdots\cdots\cdots\cdots\cdots\cdots\cdots (\text{C.1})$$

式中:

V_0——换算成标准状态下的采样体积,L;

V——采样体积,L;

T_0——标准状态的绝对温度,273 K;

T——采样时采样点现场的温度(t)与标准状态的绝对温度之和,($t+273$)K;

p_0——标准状态下的大气压力,101.3 kPa;

p——采样时采样点的大气压力,kPa。

C.7.2 TVOC 的计算:

(1) 应对保留时间在正己烷和正十六烷之间所有化合物进行分析。

(2) 计算 TVOC,包括色谱图中从正己烷到正十六烷之间的所有化合物。

(3) 根据单一的校正曲线,对尽可能多的 VOCs 定量,至少应对 10 个最高峰进行定量,最后与 TVOC 一起列出这些化合物的名称和浓度。

(4) 计算已鉴定和定量的挥发性有机化合物的浓度 S_{id}。

(5) 用甲苯的响应系数计算未鉴定的挥发性有机化合物的浓度 S_{un}。

(6) S_{id} 与 S_{un} 之和为 TVOC 的浓度或 TVOC 的值。

(7) 如果检测到的化合物超出了(2)中 TVOC 定义的范围,那么这些信息应该添加到 TVOC 值中。

C.7.3 空气样品中待测组分的浓度按(C.2)式计算:

$$c = \frac{F - B}{V_0} \times 1\,000 \qquad\qquad \cdots\cdots\cdots\cdots\cdots\cdots\cdots\cdots (\text{C.2})$$

式中:

c——空气样品中待测组分的浓度,$\mu g/m^3$;

F——样品管中组分的质量,μg;

B——空白管中组分的质量,μg;

V_0——标准状态下的采样体积,L。

C.8 方法特性

C.8.1 检测下限:采样量为 10 L 时,检测下限为 0.5 $\mu g/m^3$。

C.8.2 线性范围:10^6。

C.8.3 精密度:根据待测物的不同,在吸附管上加入 10 μg 的标准溶液,Tenax TA 的相对标准差范围为 0.4%～2.8%。

C.8.4 准确度:20℃、相对湿度为 50%的条件下,在吸附管上加入 10 mg/m³ 的正己烷,Tenax TA、Tenax GR(5 次测定的平均值)的总不确定度为 8.9%。

附　录　D

（规范性附录）

室内空气中菌落总数检验方法

D.1　适用范围

本方法适用于室内空气菌落总数测定。

D.2　定义

撞击法（impacting method）是采用撞击式空气微生物采样器采样，通过抽气动力作用，使空气通过狭缝或小孔而产生高速气流，使悬浮在空气中的带菌粒子撞击到营养琼脂平板上，经 37℃、48 h 培养后，计算出每立方米空气中所含的细菌菌落数的采样测定方法。

D.3　仪器和设备

D.3.1　高压蒸汽灭菌器。

D.3.2　干热灭菌器。

D.3.3　恒温培养箱。

D.3.4　冰箱。

D.3.5　平皿。

D.3.6　制备培养基用一般设备：量筒，三角烧瓶，pH 计或精密 pH 试纸等。

D.3.7　撞击式空气微生物采样器。

采样器的基本要求：

（1）对空气中细菌捕获率达 95%。

（2）操作简单，携带方便，性能稳定，便于消毒。

D.4　营养琼脂培养基

D.4.1　成分：

蛋白胨	20 g
牛肉浸膏	3 g
氯化钠	5 g
琼脂	15 g～20 g
蒸馏水	1 000 mL

D.4.2　制法：将上述各成分混合，加热溶解，校正 pH 至 7.4，过滤分装，121℃，20 min 高压灭菌。营养琼脂平板的制备参照采样器使用说明。

D.5　操作步骤

D.5.1　选点要求见附录 A。将采样器消毒，按仪器使用说明进行采样。一般情况下采样量为 30 L～150 L，应根据所用仪器性能和室内空气微生物污染程度，酌情增加或减少空气采样量。

D.5.2　样品采完后，将带菌营养琼脂平板置 36℃±1℃恒温箱中，培养 48 h，计数菌落数，并根据采样器的流量和采样时间，换算成每立方米空气中的菌落数。以 cfu/m³ 报告结果。

————————

GB/T 18883—2002《室内空气质量标准》第 1 号修改单

本修改单经国家标准化管理委员会于 2003 年 7 月 25 日以国标委工交函[2003]68 号文批准,自 2003 年 10 月 1 日起实施。

标准名称:GB/T 18883—2002《室内空气质量标准》

1. 第 6 页,表 A.1(续)18 氡^{222}Rn 来源:

原文为:"(1)GB/T 14582(2)GB/T 16147"

修改为:"(1)GB/T 16147(2)GB/T14582"

2. 第 7 页,B.3.3 椰子壳活性炭:

原文为:"20～40 目"

修改为:"0.90 mm～0.45 mm(20 目/in～40 目/in)"

3. 第 10 页,C.3.3 吸附剂:

原文为"使用的吸附剂粒径为 0.18～0.25 mm(60～80 目)"

修改为"使用的吸附剂粒径为 0.28 mm～0.18 mm(60 目/in～80 目/in)"

4. 第 11 页,C.6.2 色谱分析条件:

原文为:"固定相可以是二甲基硅氧烷或 70%的氰基丙烷、70%的苯基、86%的甲基硅氧烷"

修改为:"固定相可以是二甲基硅氧烷或 7%的氰基丙烷、7%的苯基、86%的甲基硅氧烷"

ICS 79.060.01
B 70

中华人民共和国国家标准

GB 18580—2001

室内装饰装修材料
人造板及其制品中甲醛释放限量

Indoor decorating and refurbishing materials
Limit of formaldehyde emission of wood-
based panels and finishing products

2001-12-10发布   2002-01-01实施

中 华 人 民 共 和 国
国家质量监督检验检疫总局   发 布

前　言

本标准的第5章为强制性条款，其余为推荐性条款。

本标准参考欧洲标准 EN312-1-1997《刨花板》、欧洲中密度纤维板厂商协会技术委员会，EMB/IS-Ⅰ-Ⅱ-Ⅲ-1995《中密度纤维板》、欧洲标准 ENV717-1《人造板甲醛释放量测定　气候箱法》、日本农业标准 JAS MAFF，Notification No. 920《普通胶合板》、日本农业标准 JAS MAFF，Notification No. 990《地板》。

自 2002 年 1 月 1 日起，生产企业生产的产品应执行本国家标准，过渡期 6 个月；自 2002 年 7 月 1 日起，市场上停止销售不符合本国家标准的产品。

本标准由国家林业局提出。

本标准由全国人造板标准化技术委员会归口。

本标准负责起草单位：中国林业科学研究院木材工业研究所。

本标准参加起草单位：广东肇庆康蓝中密板企业集团、上海市建筑科学研究院、太尔化工（上海）有限公司、环球木业有限公司、新乡平原人造板厂。

本标准主要起草人：王维新、杨帆、许文、马虹、何励贤、李本初、杨虹、楼明刚。

本标准首次发布。

室内装饰装修材料
人造板及其制品中甲醛释放限量

1 范围

本标准规定了室内装饰装修用人造板及其制品(包括地板、墙板等)中甲醛释放量的指标值、试验方法和检验规则。

本标准适用于释放甲醛的室内装饰装修用各种类人造板及其制品。

2 规范性引用文件

下列文件中的条款通过本标准的引用而成为本标准的条款。凡是注日期的引用文件,其随后所有的修改单(不包括勘误的内容)或修订版均不适用于本标准,然而,鼓励根据本标准达成协议的各方研究是否可使用这些文件的最新版本。凡是不注日期的引用文件,其最新版本适用于本标准。

GB/T 17657 1999 人造板及饰面人造板理化性能试验方法

3 术语和定义

下列术语和定义适用于本标准。

3.1

甲醛释放量 穿孔法测定值 the perforator test value

用穿孔萃取法测定的从 100 g 绝干人造板萃取出的甲醛量。

3.2

甲醛释放量 干燥器法测定值 the desiccator test value

用干燥器法测定的试件释放于吸收液(蒸馏水)中的甲醛量。

3.3

甲醛释放量 气候箱法测定值 the chamber test value

以本标准规定的气候箱测定的试件向空气中释放达稳定状态时的甲醛量。

3.4

气候箱容积 volume of the chamber

无负荷时箱内总的容积。

3.5

承载率 loading rate

试样总表面积与气候箱容积之比。

3.6

空气置换率 air exchange rate

每小时通过气候箱的空气体积与气候箱容积之比。

3.7

空气流速 air velocity

气候箱中试样表面附近的空气速度。

4 分类

按试验方法分：

a）穿孔萃取法甲醛释放量（简称穿孔值）；

b）干燥器法甲醛释放量（简称干燥器值）；

c）气候箱法甲醛释放量（简称气候箱值）。

5 要求

室内装饰装修用人造板及其制品中甲醛释放量应符合表1的规定。

表 1 人造板及其制品中甲醛释放量试验方法及限量值

产品名称	试验方法	限量值	使用范围	限量标志[b]
中密度纤维板、高密度纤维板、刨花板、定向刨花板等	穿孔萃取法	≤9 mg/100 g	可直接用于室内	E₁
		≤30 mg/100 g	必须饰面处理后可允许用于室内	E₂
胶合板、装饰单板贴面胶合板、细木工板等	干燥器法	≤1.5 mg/L	可直接用于室内	E₁
		≤5.0 mg/L	必须饰面处理后可允许用于室内	E₂
饰面人造板（包括浸渍纸层压木质地板、实木复合地板、竹地板、浸渍胶膜纸饰面人造板等）	气候箱法[a]	≤0.12 mg/m³	可直接用于室内	E₁
	干燥器法	≤1.5 mg/L		

[a] 仲裁时采用气候箱法。

[b] E₁ 为可直接用于室内的人造板，E₂ 为必须饰面处理后允许用于室内的人造板。

6 试验方法

6.1 穿孔萃取法测定中密度纤维板、高密度纤维板、刨花板、定向刨花板等甲醛释放量

按 GB/T 17657—1999 中 4.11 规定进行。

6.2 （9～11）L 干燥器法测定胶合板、装饰单板贴面胶合板、细木工板等甲醛释放量

按 GB/T 17657—1999 中 4.12.1～4.12.6 规定进行。

6.2.1 试件数量

10 块。

6.2.2 结果表示

甲醛溶液的浓度按式（1）计算，精确至 0.1 mg/L。

$$c = f \times (A_s - A_b) \qquad\qquad\qquad (1)$$

式中：

c——甲醛浓度，单位为毫克每升（mg/L）；

f——标准曲线斜率，单位为毫克每升（mg/L）；

A_s——待测液的吸光度；

A_b——蒸馏水的吸光度。

6.3 40 L 干燥器法测定饰面人造板甲醛释放量

6.3.1 原理

见 GB/T 17657—1999 中的 4.12.1。

6.3.2 试剂

按 GB/T 17657—1999 中的 4.12.3 的规定。

6.3.3 溶液配制

按 GB/T 17657—1999 中的 4.12.5 规定进行。

6.3.4 仪器

6.3.4.1 检测容器,材料:丙烯酸树脂,容积 40 L。

6.3.4.2 吸收容器,材料:聚丙烯或聚乙烯,直径 57 mm,深度 50 mm～60 mm。

6.3.4.3 除金属支架、干燥器、结晶皿外,其他按 GB/T 17657—1999 中 4.12.2 的规定。

6.3.5 试样

试样四边用不含甲醛的铝胶带密封,被测表面积为 450 cm²。密封于乙烯树脂袋中,放置在温度为(20±1)℃的恒温箱中至少 1 天。

6.3.6 试验程序

6.3.6.1 甲醛的收集

吸收容器装入 20 mL 蒸馏水,放在检测容器底部,试样置于吸收容器上面,测定装置在(20±1)℃下放置 24 h,蒸馏水吸收从试件释放出的甲醛,此溶液为待测液。

6.3.6.2 甲醛浓度的定量

按 GB/T 17657—1999 中 4.12.6.2 进行。

6.3.6.3 标准曲线绘制

按 GB/T 17657—1999 中 4.12.6.3 进行。

6.3.6.4 结果表示

按 6.2.2。

6.4 气候箱法测定饰面人造板甲醛释放量

6.4.1 原理

将 1 m² 表面积的样品放入温度、相对湿度、空气流速和空气置换率控制在一定值的气候箱内。甲醛从样品中释放出来,与箱内空气混合,定期抽取箱内空气,将抽出的空气通过盛有蒸馏水的吸收瓶,空气中的甲醛全部溶入水中;测定吸收液中的甲醛量及抽取的空气体积,计算出每立方米空气中的甲醛量,以毫克每立方米(mg/m³)表示,抽气是周期性的,直到气候箱内的空气中甲醛浓度达到稳定状态为止。

6.4.2 设备

6.4.2.1 气候箱

容积为 1 m³,箱体内表面应为惰性材料,不会吸附甲醛。箱内应有空气循环系统以维持箱内空气充分混合及试样表面的空气速度为 0.1 m/s～0.3 m/s。箱体上应有调节空气流量的空气入口和空气出口装置。

空气置换率维持在(1.0±0.05)h⁻¹,要保证箱体的密封性。进入箱内的空气甲醛浓度在 0.006 mg/m³以下。

6.4.2.2 温度和相对湿度调节系统

应能保持箱内温度为(23±0.5)℃,相对湿度为(45±3)%。

6.4.2.3 空气抽样系统

空气抽样系统包括:抽样管、两个 100 mL 的吸收瓶、硅胶干燥器、气体抽样泵、气体流量计、气体计量表。

6.4.3 试剂、溶液配制、仪器

6.4.3.1 试剂按 GB/T 17657—1999 中 4.12.3 的规定。

6.4.3.2 溶液配制按 GB/T 17657—1999 中 4.12.5 的规定。

6.4.3.3 仪器除金属支架、干燥器、结晶皿外，其他按 GB/T 17657—1999 中 4.12.2 的规定。

6.4.4 试样

试样表面积为 1 m²（双面计。长＝1 000 mm±2 mm，宽＝500 mm±2 mm，1 块；或长＝500 mm±2 mm，宽＝500 mm±2 mm，2 块），有带榫舌的突出部分应去掉，四边用不含甲醛的铝胶带密封。

6.4.5 试验程序

在试验全过程中，气候箱内保持下列条件：

温度：(23±0.5)℃；

相对湿度：(45±3)%；

承载率：(1.0±0.02)m²/m³；

空气置换率：(1.0±0.05) h⁻¹；

试样表面空气流速：(0.1～0.3)m/s。

试样在气候箱的中心垂直放置，表面与空气流动方向平行。气候箱检测持续时间至少为 10 天，第 7 天开始测定。甲醛释放量的测定每天 1 次，直至达到稳定状态。当测试次数超过 4 次，最后 2 次测定结果的差异小于 5% 时，即认为已达到稳定状态。最后 2 次测定结果的平均值即为最终测定值。如果在 28 天内仍未达到稳定状态，则用第 28 天的测定值作为稳定状态时的甲醛释放量测定值。

空气取样和分析时，先将空气抽样系统与气候箱的空气出口相连接。2 个吸收瓶中各加入 25 mL 蒸馏水，开动抽气泵，抽气速度控制在 2 L/min 左右，每次至少抽取 100 L 空气。每瓶吸收液各取 10 mL 移至 50 mL 容量瓶中，再加入 10 mL 乙酰丙酮溶液和 10 mL 乙酸铵溶液，将容量瓶放至 40℃ 的水浴中加热 15 min，然后将溶液静置暗处冷却至室温（约 1 h）。在分光光度计的 412 nm 处测定吸光度。与此同时，要用 10 mL 蒸馏水和 10 mL 乙酰丙酮溶液、10 mL 乙酸铵溶液平行测定空白值。吸收液的吸光度测定值与空白吸光度测定值之差乘以校正曲线的斜率，再乘以吸收液的体积，即为每个吸收瓶中的甲醛量。2 个吸收瓶的甲醛量相加，即得甲醛的总量。甲醛总量除以抽取空气的体积，即得每立方米空气中的甲醛浓度值，以毫克每立方米(mg/m³)表示。由于空气计量表显示的是检测室温度下抽取的空气体积，而并非气候箱内 23℃ 时的空气体积。因此，空气样品的体积应通过气体方程式校正到标准温度 23℃ 时的体积。

分光光度计用校准曲线和校准曲线斜率的确定按 GB/T 17657—1999 中的 4.11.5.5.2 进行。

7 检验规则

7.1 检验分类

本标准检验项目为型式检验。

7.2 抽样

按试验方法规定的样品数量在同一地点、同一类别、同一规格的人造板及其制品中随机抽取 3 份，并立即用不会释放或吸附甲醛的包装材料将样品密封后待测。在生产企业抽取样品时，必须在生产企业成品库内标识合格的产品中抽取样品。在经销企业抽取样品时，必须在经销现场或经销企业的成品库内标识合格的产品抽取样品。在施工或使用现场抽取样品时，必须在同一地点的同一种产品内随机抽取。

7.3 判定规则与复验规则

在随机抽取的 3 份样品中，任取一份样品按本标准的规定检测甲醛释放量，如测定结果达到本标准的规定要求，则判定为合格。如测定结果不符合本标准的规定要求，则对另外 2 份样品再行测定。如 2 份样品均达到本标准的规定要求，则判定为合格；如 2 份样品中只有一份样品达到规定要求或 2 份样品均不符合规定要求，则判定为不合格。

7.4 检验报告

7.4.1 检验报告的内容应包括产品名称、规格、类别、等级、生产日期、检验依据标准。

7.4.2 检验结果和结论及样品含水率。

7.4.3 检验过程中出现的异常情况和其他有必要说明的问题。

8 产品标志

应标明产品名称、产品标准编号、商标、生产企业名称、详细地址、产品原产地、产品规格、型号、等级、甲醛释放量限量标识。

————————————

ICS 13.120
K 09

中华人民共和国国家标准

GB 4706.45—2008/IEC 60335-2-65:2005(Ed 2.0)
代替 GB 4706.45—1999

家用和类似用途电器的安全
空气净化器的特殊要求

Household and similar electrical appliances—Safety—
Particular requirements for air-cleaning appliances

(IEC 60335-2-65:2005(Ed2.0),IDT)

2008-12-15 发布　　　　　　　　　　　　　　　2010-01-01 实施

中华人民共和国国家质量监督检验检疫总局
中国国家标准化管理委员会　　发布

前　　言

本部分的全部技术内容为强制性。

GB 4706《家用和类似用途电器的安全》由若干部分组成,第 1 部分为通用要求,其他部分为特殊要求。

本部分应与 GB 4706.1—2005《家用和类似用途电器的安全　第 1 部分:通用要求》配合使用。

本部分等同采用 IEC 60335-2-65:2005《家用和类似用途电器的安全　第 2-65 部分:空气净化器的特殊要求》。

为便于使用,本部分作了下列编辑性修改:

a)　"第 1 部分"一词改为"GB 4706.1—2005";

b)　用小数点"."代替作为小数点的逗号","。

本部分代替 GB 4706.45—1999《家用和类似用途电器的安全　空气净化器的特殊要求》。

本部分与 GB 4706.45—1999 的主要差异如下:

——第 1 章删去了 GB 4706.45—1999 中原有注 1 和注 2 的内容,删去了热带地区使用的注意情况;

——3.1.9 修改为:空气净化器按交付状态或高压输出电路短路状态运行,取其中较不利的;

——11.8 增加注 101:高压电路中的限流装置允许动作;

——删去了 GB 4706.45—1999 中原有的 16.101;

——增加 22.102;

——24.1.3 增加:联锁开关运行 1 000 次;

——修改了 24.101 中联锁开关的断开要求;

——删去了 GB 4706.45—1999 中的 29.1;

——删去了 GB 4706.45—1999 中的 30.3。

本部分由中国轻工业联合会提出。

本部分由全国家用电器标准化技术委员会(SAC/TC 46)归口。

本部分主要起草单位:中国家用电器研究院、北京亚都科技股份有限公司、珠海格力电器股份有限公司、美的集团、海尔空调器有限总公司、上海出入境检验检疫局、飞利浦(中国)投资有限公司、佛山市质量计量监督检测中心、海信科龙电器股份有限公司。

本部分主要起草人:鲁建国、孙鹏、陈卉、张秋俊、魏国庆、高保华、吴燎兰、陈子良、黄慧珍、迟九虹。

本部分历次版本的发布情况为:

——GB 4706.45—1999。

IEC 前言

1) 国际电工委员会(IEC)是由所有的国家电工委员会(IEC NC)组成的国际范围的标准化组织。其宗旨是促进在电气和电子领域有关标准化问题上的国际间合作。为此,IEC 开展相关活动,并出版国际标准、技术规范、技术报告、公共可用规范(PAS)、指南(以后统称为 IEC 出版物)。这些标准的制定委托各技术委员会完成。任何对该技术问题感兴趣的 IEC 国家委员会均可参加制定工作。与 IEC 有联系的国际、政府及非政府组织也可以参加标准的制定工作。IEC 与国际标准化组织(ISO)在两个组织协议的基础上密切合作。

2) IEC 在技术方面的正式决议或协议,是由对其感兴趣的所有国家委员会参加的技术委员会制定的。因此,这些决议或协议都尽可能表述了相关问题在国际上的一致意见。

3) IEC 标准以推荐性的方式供国际使用,并在此意义上被各国家委员会接受。在为了确保 IEC 出版物技术内容的准确性而做出任何合理的努力时,IEC 对其标准被使用的方式以及任何最终用户的误解不负有任何责任。

4) 为了促进国际上的统一,各国家委员会要保证在其国家或区域标准中最大限度地采用国际标准。IEC 标准与相应的国家或区域标准之间的任何差异必须清楚地在后者中表明。

5) IEC 规定了表示其认可的无标志程序,但并不表示对某一设备声称符合某一标准承担责任。

6) 所有的使用者应确保他们拥有本部分的最新版本。

7) IEC 或其管理者、雇员、后勤人员或代理(包括独立专家和技术委员会的成员)和 IEC 国家委员会不应对使用或依靠本 IEC 出版物或其他 IEC 出版物造成的任何个人伤害、财产损失或其他任何属性的直接或间接损失,或源于本出版物之外的成本(包括法律费用)和支出承担责任。

8) 应注意在本部分中罗列的引用标准(规范性引用文件)。对于正确使用本部分来讲,使用引用标准(规范性引用文件)是不可缺少的。

9) 应注意本国际标准的某些条款可能涉及专利权的内容,IEC 将不承担确认专利权的责任。

国际标准 IEC 60335 的本部分由 IEC 第 61 技术委员会"家用和类似用途电器的安全"制定。

本部分的第二版取代 1993 年的第一版及其增补件 1(2000)。它构成了一个技术上的修订本。

本部分两种语言的版本(2005-09)代替英语版。

本部分以下述文件为依据:

FDIS	表决报告
61/2174/FDIS	61/2255/RVD

有关本部分通过时的全部材料可在以上所示的表决报告中找到。

本部分的法文版未进行投票表决。

2004 年 7 月勘误表 1 的内容已经包含在本版本中。

本部分应与 IEC 60335-1 及其增补件的最新版本配合使用。本部分是根据 IEC 60335-1 的第 4 版(2001)制定的。

注 1:本部分中提的到"第 1 部分"是指 IEC 60335-1。

本部分补充或修改了 IEC 60335-1 的相应条款,从而将其转化为本部分:空气净化器的特殊要求。

凡第一部分中的条款没有在本部分中特别提及的,只要合理,即应采用。本部分写明"增加"、"修改"或"替代"时,第一部分中的有关内容须作相应修改。

注 2:采用下列编号:

　　　——对 IEC 60335-1 增加的条款、表格和图从 101 开始编号；

　　　——除非注在新条款中或包含在第 1 部分的注中，否则他们应从 101 开始编号，包括代替的章节或条款。

　　　——增加的附录使用字母 AA,BB 等。

　　注 3：采用下列字体：

　　　——正文要求：印刷体；

　　　——试验规范：斜体；

　　　——注释：小写印刷体。

　　正文中用黑体印刷的词在第 3 章中给出定义。当 IEC 60335-1 中的一个定义涉及一个形容词时，则该形容词和相关的名词也是黑体。

　　某些国家存在下述差异：

　　——8.1.4： 释放的最大能量不同(美国)。

　　——16.101： 试验不同(美国)。

　　——22.101： 不进行此项试验(美国)。

　　——24.101： 触点间隙符合 IEC 61058-1 完全断开的要求不适用(美国)。

　　——32 章： 此项试验仅适用于便携式空气净化器(美国)。

　　技术委员会决定,本出版物的内容和它的校正将依然不变,直到修改结果日期被表明在 IECweb 站点(http://webstore.iec.ch)上。届时标准将被：

- 重新确认；
- 废止；
- 由修订版替代,或者；
- 增补。

家用和类似用途电器的安全
空气净化器的特殊要求

1 范围

GB 4706.1—2005 中的该章用下述内容代替：

本部分涉及单相器具额定电压不超过 250 V，其他器具额定电压不超过 480 V 的家用和类似用途电动空气净化器的安全。

不作为一般家用，但对公众仍可能引起危险的空气净化器，例如打算在商店、轻工业和农场中由非专业的人员使用的空气净化器也属于本部分的范围。

就实际情况而言，本部分所涉及的空气净化器存在的普通危险，是在住宅和住宅周围环境中所有的人可能会遇到的。

然而，一般来说本部分并未涉及：

——无人照看的幼儿和残疾人使用器具时的危险；

——幼儿玩耍器具的情况。

注1：注意下述情况：

——对于打算用在车辆、船舶或航空器上的空气净化器，可能需要附加要求；

——在许多国家中，全国性的卫生保健部门、全国性劳动保护部门以及类似的部门都对器具规定了附加要求。

注2：本部分不适用于：

——专为工业用途而设计的空气净化器；

——打算使用在经常产生腐蚀性或爆炸性气体（如灰尘、蒸气或瓦斯气体）特殊环境场所的空气净化器；

——建筑结构中包含的空气净化系统。

2 规范性引用文件

GB 4706.1—2005 中的该章适用。

3 定义

GB 4706.1—2005 中的该章除下述内容外，均适用。

3.1.9 代替：

正常工作 normal operation

空气净化器按交付状态或高压输出电路短路状态运行，取其中较不利的。

3.101

空气净化器

器具有独立的空气过滤系统；该系统可以包括电离空气的装置。

4 一般要求

GB 4706.1—2005 中的该章适用。

5 试验的一般条件

GB 4706.1—2005 中的该章除下述内容外，均适用。

5.101 空气净化器按电动器具的规定试验。

6 分类

GB 4706.1—2005 中的该章适用。

7 标志和说明

GB 4706.1—2005 中的该章除下述内容外,均适用。

7.12 增加:

说明书应包括对空气净化器清理和使用者维护的详细说明。

说明书应指出在清理或其他维护之前,空气净化器必须断开供电电源。

8 对触及带电部件的防护

GB 4706.1—2005 中的该章除下述内容外,均适用。

8.1.4 增加:

峰值电压高于 15 kV 时,其放电能量不应超过 350 mJ。

对于仅在清洁或使用者维护保养时拆卸盖子后成为易触及的带电部件,其放电在拆下盖子 2 s 后测量。

9 电动器具的启动

GB 4706.1—2005 中的该章不适用。

10 输入功率和电流

GB 4706.1—2005 中的该章适用。

11 发热

GB 4706.1—2005 中的该章除下述内容外,均适用。

11.7 代替:

空气净化器运行至稳定状态为止。

11.8 增加:

注 101:高压电路中的限流装置允许动作。

12 空章

13 工作温度下的泄漏电流和电气强度

GB 4706.1—2005 中的该章适用。

14 瞬态过电压

GB 4706.1—2005 中的该章适用。

15 耐潮湿

GB 4706.1—2005 中的该章适用。

16 泄漏电流和电气强度

GB 4706.1—2005 中的该章除下述内容外,均适用。

16.101　高压变压器应有足够的内部绝缘。

通过下述试验,确定是否合格：

在变压器原边端子处施加一高于额定频率的正弦波电压,在变压器副边绕组中产生两倍的工作电压。

试验的持续时间为：

——对于不高于两倍额定频率的试验频率：60 s,或

——对于更高的试验频率：120×（额定频率/试验频率）s,最少用 15 s。

注：试验电压的频率高于额定频率,以避免在试验期间产生过多的励磁电流。

施加的初始电压最高为试验电压的 1/3,然后迅速升压,但不能跳变。试验结束时,在断开试验电压前应以类似的方式降压至全值电压的 1/3 左右。

绕组与绕组之间,或同一绕组相邻的匝间,不应发生击穿。

17　变压器和相关电路的过载保护

GB 4706.1—2005 中的该章适用。

18　耐久性

GB 4706.1—2005 中的该章不适用。

19　非正常工作

GB 4706.1—2005 中的该章适用。

20　稳定性和机械危险

GB 4706.1—2005 中的该章适用。

21　机械强度

GB 4706.1—2005 中的该章适用。

22　结构

GB 4706.1—2005 中的该章除下述内容外,均适用。

22.101　空气净化器不应有能使小物件通过,从而接触带电部件的底部开口。

通过视检和测量支撑面通过开口到带电部件的距离确定是否合格。距离至少为 6 mm；对有柱脚并打算在桌面上使用的空气净化器,这个距离应增加至 10 mm；若打算放在地板上用,则应增加至 20 mm。

22.102　用于防止接触带电部件的联锁开关,应连接在输入电路中,并防止使用者在维护保养时的无意识操作。

通过视检和使用 IEC 61032 的 B 型试验探棒确定是否合格。

23　内部布线

GB 4706.1—2005 中的该章适用。

24　元件

GB 4706.1—2005 中的该章除下述内容外均适用。

24.1.3 增加：

联锁开关运行 1 000 次。

24.101 当使用者维护保养空气净化器时防止触及到带电部件联锁开关应：

——全极断开,除非在由隔离变压器供电的次级回路中；

——触点间隙符合 GB 15092.1 中完全断开的要求。

通过视检确定是否合格。

25 电源连接和外部软线

GB 4706.1—2005 中的该章除下述内容外,均适用。

25.5 增加：

Z 型连接空气净化器的质量应不超过 3 kg。

26 外部导线用接线端子

GB 4706.1—2005 中的该章适用。

27 接地措施

GB 4706.1—2005 中的该章适用。

28 螺钉和连接

GB 4706.1—2005 中的该章适用。

29 电气间隙、爬电距离和固体绝缘

GB 4706.1—2005 中的该章适用。

30 耐热和耐燃

GB 4706.1—2005 中的该章除下述内容外,均适用。

30.2.2 不适用。

31 防锈

GB 4706.1—2005 中的该章适用。

32 辐射、毒性和类似危险

GB 4706.1—2005 中的该章除下述内容外,均适用。

增加：

电离装置产生的臭氧浓度不应超过规定的要求。

通过下述试验,确定是否合格：

在一个密闭的房间内进行试验,房间的尺寸为：2.5 m×3.5 m×3.0 m,墙壁表面覆盖聚乙烯板,空气净化器按照说明书要求放置。在桌面上使用的空气净化器放置在离地板高约 750 mm 的房间中央。

房间保持温度约 25 ℃和相对湿度约 50%,空气净化器以额定电压通电 24 h。如果拆除过滤器为较不利状态,则应拆除过滤器。

臭氧取样管设置在距空气净化器空气出口 50 mm 的位置,试验开始时先测量本底臭氧浓度,然后将试验中测得的最大浓度减去本底臭氧浓度。

臭氧浓度百分比应不超过 5×10^{-6}。

注：如果安装说明书规定空气净化器安装的房间体积超过 30 m³,则试验房间尺寸应相应地增加。

附　　录

GB 4706.1—2005 中的附录均适用。

参 考 文 献

GB 4706.1—2005 中的参考文献均适用。

————————

ICS 97.030
Y 60

中华人民共和国国家标准

GB 21551.3—2010

家用和类似用途电器的抗菌、除菌、
净化功能　空气净化器的特殊要求

Antibacterial and cleaning function for household and similar electrical
appliances—Particular requirements of air cleaner

2011-01-14 发布
2011-09-15 实施

中华人民共和国国家质量监督检验检疫总局
中国国家标准化管理委员会　发布

前　言

本部分的全部技术内容为强制性。

GB 21551《家用和类似用途电器的抗菌、除菌、净化功能》系列标准由若干部分组成,第 1 部分为通则,其他部分为特殊要求。

本部分是 GB 21551 的第 3 部分。

本部分应与 GB 21551.1—2008《家用和类似用途电器的抗菌、除菌、净化功能通则》配合使用。

本部分附录 A 为规范性附录。

本部分由中国轻工业联合会提出。

本部分由全国家用电器标准化技术委员会(SAC/TC 46)归口。

本部分起草单位:中国家用电器研究院、中国疾病预防控制中心环境与健康相关产品安全所、北京亚都科技股份有限公司。

本部分主要起草人:张铁雁、刘凡、张流波、陈卉。

本部分为首次发布。

家用和类似用途电器的抗菌、除菌、净化功能 空气净化器的特殊要求

1 范围

GB 21551 的本部分规定了室内空气净化器(以下简称"空气净化器")在抗菌、除菌功能方面的卫生要求、检验方法和标识。

本部分适用于家用和类似用途的具有除菌功能的空气净化器。

2 规范性引用文件

下列文件中的条款通过 GB 21551 的本部分的引用而成为本部分的条款。凡是注日期的引用文件,其随后所有的修改单(不包括勘误的内容)或修订版均不适用于本部分,然而,鼓励根据本部分达成协议的各方研究是否可使用这些文件的最新版本。凡是不注日期的引用文件,其最新版本适用于本部分。

GB/T 18801 空气净化器

GB/T 18883—2002 室内空气质量标准

GB 19258 紫外线杀菌灯

GB 21551.1—2008 家用和类似用途电器的抗菌、除菌、净化功能通则

GB 21551.2—2010 家用和类似用途电器的抗菌、除菌、净化功能 抗菌材料的特殊要求

WS/T 206 公共场所空气中可吸入颗粒物测定方法——光散射法

《消毒技术规范》(卫生部 2002 年版)

3 术语和定义

下列术语和定义适用于本部分。

3.1

抗菌除菌空气净化器 air cleaner

在一个容器内,采用某些技术或方法(如过滤、吸附、降解等)使通过容器的空气中的颗粒物、气态污染物、微生物浓度明显降低的装置。

3.2

总挥发性有机化合物 total volatile organic compounds TVOC

利用 Tenax GC 或 Tenax TA 采样,非极性色谱柱(极性指数小于10)进行分析,保留时间在正己烷和正十六烷之间的挥发有机化合物。

3.3

可吸入颗粒物 PM10

指悬浮在空气中,空气动力学当量直径小于等于 10 μm 的颗粒物。

4 卫生与功能要求

4.1 卫生安全性

4.1.1 空气净化器应符合 GB 21551.1—2008 中相关卫生安全性方面的要求。

4.1.2 空气净化器本身所产生的有害物质应符合表 1 中的要求。

表 1　空气净化器产生有害物质要求

有害因素	控制指标
臭氧浓度（出风口 5 cm 处）	≤0.10 mg/m³
紫外线强度（装置周边 30 cm 处）	≤5 μW/cm²
TVOC 浓度（出风口 20 cm 处）	≤0.15 mg/m³
PM10 浓度（出风口 20 cm 处）	≤0.07 mg/m³

4.2　功能性

4.2.1　空气净化器的除菌性能应达到下述要求：

在模拟现场和现场试验条件下运行 1 h，其抗菌（除菌）率大于或等于 50%；

4.2.2　空气净化器的抗菌性能应达到 GB 21551.2—2010 中的相关要求。

4.2.3　空气净化器的净化材料应能够更换或再生、净化装置能够清洗和消毒。

5　检验方法

5.1　卫生安全性检验

5.1.1　空气净化器本身可能产生的有害因素检验时，均要用试验室检测值减去试验室环境本底浓度值作为检验结果值。

5.1.2　空气净化器出风口臭氧浓度的检验采用 GB/T 18883—2002 中附录 A 紫外光度法。

5.1.3　空气净化器紫外线泄露强度采用 GB 19258 规定的检验方法。

5.1.4　空气净化器出风口挥发性有机物（TVOC）浓度的检验采用 GB/T 18883—2002 中附录 C 热解析/毛细管气相色谱法。

5.1.5　空气净化器出风口 PM10 颗粒物浓度的检验采用 WS/T 206 规定的光散射法。

5.2　功能性检验

空气净化器的除菌性能检验方法见附录 A。

6　标识

6.1　标识原则

6.1.1　空气净化器产品标识应符合 GB 21551.1—2008 中第 5 章要求。

6.1.2　空气净化器应在产品说明书中具体标明其产品具有本部分规定的功能、指标及净化材料更换或再生周期与方法。

6.2　抗菌（除菌）、空气净化功能标识的使用

6.2.1　使用标识的空气净化器必须符合 4.1 中相关的卫生安全性要求；

6.2.2　符合 4.2.2 要求的空气净化器，可以在产品包装箱、产品铭牌上使用"抗菌（除菌）"文字说明。

附　录　A

（规范性附录）

空气净化器的抗菌（除菌）功能评价

A.1　范围

本附录规定了空气净化器除菌功能评价方法。

A.2　试验原理

在规定时间内,分别测定对照组和试验组中菌落数的初始数值和结束时数值,并依据下列两个公式计算出对空气中细菌和微生物的抗菌、除菌率。

$$自然消亡率(\%) = \frac{对照组初始时菌落数 - 对照组结束时菌落数}{对照组初始时菌落数} \times 100(\%)$$

$$抗菌(除菌)率(\%) = \frac{试验组初始时菌落数(1-自然消亡率) - 试验组结束时菌落数}{试验组初始时菌落数(1-自然消亡率)} \times 100(\%)$$

A.3　模拟现场试验

A.3.1　模拟试验舱

a)　试验舱的环境温度为 20 ℃～25 ℃,相对湿度为 RH50%～70%。

b)　试验舱结构要求:采用相邻的一对气雾舱,两者所处环境(包含温度、湿度、洁净度、光照、密封性、通风条件等)应一致,并在实验过程中保持稳定。试验舱设计和结构应保证舱内微生物气溶胶不外泄,所用材料应耐腐蚀、易清洗。

——试验舱容积:(3.5 m×3.4 m×2.5 m＝30 m³);

——围护结构(包括壁面、顶棚、地面):应采用低污染或无污染且低吸附率的材料(如不锈钢、聚四氟乙烯、钢化玻璃等);

——密封填缝材料:用硅橡胶条及玻璃密封胶;

——空气搅拌装置:风扇;

——空气循环系统:试验舱内设独立的空气循环系统,经过滤净化后舱内空气洁净度应达到万级以上,实验开始前通过自动控制阀使试验舱完全密闭,试验舱外操作间应保持正压,防止微生物气溶胶外泄。

A.3.2　菌种、材料、仪器和设备

A.3.2.1　试验用菌

试验用菌为:白色葡萄球菌(Staphylococcus albsp)8032 或其他适用非致病性微生物。

A.3.2.2　材料

营养琼脂培养基或其他适用培养基。

A.3.2.3　仪器和设备

撞击式空气微生物采样器:对空气中细菌的捕获率大于 95%;

喷雾染菌装置(气溶胶喷雾器):喷出的气溶胶微粒的直径 90% 以上应小于 10 μm;

高压蒸汽灭菌器;

恒温培养箱;

干热灭菌器;

冷藏箱;

温度计。

A.3.3 试验准备

A.3.3.1 营养琼脂培养基的制备

牛肉膏   5.0 g

蛋白胨   10.0 g

氯化钠   5.0 g

琼脂   15.0 g

制法:取琼脂外其他成分溶解于 1 000 mL 蒸馏水中,用 0.1 mol/L NaOH 溶液调节 pH 值为 7.2～7.4,加入琼脂,加热溶解,分装,于压力蒸汽灭菌器内 121 ℃灭菌 20 min。

A.3.3.2 营养琼脂平板的制备

按照采样器使用说明制备营养琼脂平板。

A.3.3.3 菌悬液的制备

白色葡萄球菌菌悬液按《消毒技术规范》(2002 年版)2.1.1.2 进行。

A.3.3.4 试验组样机的安装

按照被测样机的安装说明,将样机安装到实验舱的远端。

A.3.3.5 空白对照组样机的安装

安装一台与被测样机相同型号、同批次的产品,并将所有具有除菌、杀菌功能的零部件拆除或者将除菌、杀菌功能设定为不工作状态。

A.3.4 试验步骤

A.3.4.1 灭菌:将试验中要用到的试验器皿灭菌。

A.3.4.2 通过高效滤器对气雾舱空气进行净化除菌,使其洁净度不低于 7 级(万级)。

A.3.4.3 调节气雾舱的温度和相对湿度,维持稳定一段时间后(以保证整个实验过程中温度和相对湿度相对恒定)气雾舱密闭,整个试验中不得再次打开。

A.3.4.4 打开操作间的送风装置,送入经过高效过滤器的循环风以维持操作间的空气压力为正压(15 Pa～30 Pa),防止试验舱中的微生物气溶胶外泄。

A.3.4.5 取试验菌悬液,用营养肉汤培养基稀释成所需浓度。按照喷雾染菌装置设定的压力、气体流量及喷雾时间喷雾染菌,要求边喷雾,边用空气搅拌设备(如风扇)搅拌。喷雾染菌完毕,要求继续搅拌 10 min,然后静置 15 min。

A.3.4.6 同时对试验组和对照组气雾室分别进行运行前细菌浓度采样,采样时间为 1 min～5 min,采样时采样头应向上方。要求气雾室内空气中各阳性对照菌数应为 5.0×10^4 CFU/m³～5.0×10^5 CFU/m³,否则试验无效。

A.3.4.7 运转被测样机至厂家规定的最高除菌条件状态(如厂家没有规定,以最高风速、最大出风状态为准)。对于空调器产品,根据送风状态进行测试。

A.3.4.8 测试时间按照式(A.1)计算:

$$T = 1 \times \frac{2\,500}{N} \times \frac{V}{15 \times 2.7} \quad\cdots\cdots\cdots\cdots\cdots\cdots\cdots\cdots\cdots\cdots\cdots\cdots\quad (\text{A.1})$$

式中:

T——测试时间,单位为小时(h);

N——空调器或净化器的功率,单位为瓦(W);

V——气雾室内容积,单位为立方米(m³),($V = 10$ m³～40 m³)。

注:测试时间最少不短于 15 min,最长不超过 2 h。根据测试时间长短,设置 2～3 个采样时间点。

A.3.4.9 被测样机运行到规定测试时间后,对试验组和对照组气雾室同时进行采样,采样时间为 1 min～5 min,采样时采样头应向上方。采样过程中被测样机应停止运行。

A.3.4.10 在室温状态下,采样营养琼脂平板必须于采样后尽快放入 36 ℃±1 ℃培养箱中培养 24 h～48 h,然后计数生长菌落数(换算成 CFU/m³ 单位),换算公式如式(A.2):

$$空气含菌量(CFU/m^3) = \frac{采样平板上总菌落数(CFU)}{采样流量(L/min) \times 采样时间(min)} \times 1\,000 \quad\cdots\cdots(A.2)$$

未用的同批培养基应各取 1 份～2 份,与试验采样的样本同时进行培养,作为阴性对照。阴性对照组不得出现细菌生长,否则说明培养基有污染,试验无效,应取无污染的培养基重新进行测试。

A.3.4.11 试验完毕后,对气雾舱空气做最终消毒。打开紫外灯,消毒 1 h～2 h 后,开启抽风机,过滤除菌。

A.3.4.12 试验应重复进行测试 3 次(每次试验间隔至少 1 d),分别计算除菌率(取 3 次试验结果的算术平均值为最后的试验结果)。

A.3.5　试验数据处理

抗菌(除菌)率按照式(A.3)进行计算:

$$K_t = \frac{V_1(1-N_t)-V_2}{V_1(1-N_t)} \times 100 \quad\cdots\cdots\cdots\cdots\cdots\cdots\cdots(A.3)$$

式中:

K_t——空调器或净化器的抗菌(除菌)率,单位为%;

V_1、V_2——分别为试验组在试验前、后不同时间的空气含菌量,单位为 CFU/m³;

N_t——对照组中空气中细菌的自然消亡率,按照式(A.4)计算:

$$N_t = \frac{V_0 - V_t}{V_0} \times 100 \quad\cdots\cdots\cdots\cdots\cdots\cdots\cdots\cdots(A.4)$$

式中:

V_0、V_t——分别为对照组在试验前、后不同时间的空气含菌量,单位为 CFU/m³。

ICS 13.120；ICS 97
A 12

中华人民共和国国家标准

GB 5296.2—2008
代替 GB 5296.2—1999

消费品使用说明　第 2 部分：
家用和类似用途电器

Instructions for use of products of consumer interest—
Part 2：Household and similar electrical appliances

2008-11-13 发布　　　　　　　　　　　　2009-05-01 实施

中华人民共和国国家质量监督检验检疫总局
中国国家标准化管理委员会　　发布

前　言

GB 5296 的本部分规范性技术要素中 5.1.4、5.2.3 和 5.3.12 为推荐性的，其余章条为强制性的。

GB 5296《消费品使用说明》分为如下 7 部分：
——第 1 部分：总则；
——第 2 部分：家用和类似用途电器；
——第 3 部分：化妆品通用标签；
——第 4 部分：纺织品和服装；
——第 5 部分：玩具；
——第 6 部分：家具；
——第 7 部分：体育器材。

本部分为 GB 5296 的第 2 部分。

本部分是依据 GB 5296.1—1997《消费品使用说明　总则》的规定，对 GB 5296.2—1987 进行的第二次修订。本部分从实施之日起，代替 GB 5296.2—1999。

本次修订相对于上一版，主要有以下变化：
——增加了"术语和定义"一章；
——4.1 条增加下述内容："其基本内容和总要求应符合 GB 5296.1 的规定"；
——将"产品主要技术规格"改为"产品安全指标"（原 4.1.3，现 5.1.3）；
——删除了"产品质量检验合格证明"和"产品安全认证"（原 4.1.7，4.1.8）；
——将产品"生产者"改为"制造商"（原 4.1.6、4.2.7 和 4.3.9 现 5.1.6、5.2.7 和 5.3.9）；
——将"图形标志"改为"储运标志"（原 4.2.5，现 5.2.5）；
——5.3.6 中，对"注意事项的标注应考虑如下内容"增加了下述条款："有安全期限要求的产品，应以安全警示方式标明产品的安全使用期；"和"不当的处理，处置造成对环境的污染"等内容；
——在 6.3"随同产品提供的信息资料"对"提供纸质使用说明书包括的基本要求和注意事项"外，还包括"非纸质载体（如光盘、企业网站等）其他内容"。

本部分应与 GB 5296.1《消费品使用说明　总则》配合使用。

本部分由全国服务标准化技术委员会提出并归口。

本部分起草单位：中国标准化研究院、中国家用电器研究院、海尔集团、海信集团、小天鹅股份有限公司、美的集团、松下电器（中国）有限公司、飞利浦（中国）有限公司。

本部分主要起草人：左佩兰、朱焰、王世川、王海军、刘志旭、王亚力、陈子良、许分明、曹振尉。

本部分所代替标准的历次版本发布情况为：
——GB 5296.2—1999；
——GB 5296.2—1987。

消费品使用说明 第2部分：
家用和类似用途电器

1 范围

GB 5296 的本部分规定了家用和类似用途电器使用说明编制的基本原则、基本要求、标注内容和标注要求。

本部分适用于家用电器和类似用途电器使用说明的编制。

2 规范性引用文件

下列文件中的条款通过 GB 5296 的本部分的引用而成为本部分的条款。凡是注日期的引用文件，其随后所有的修改单（不包括勘误的内容）或修订版均不适用于本部分，然而，鼓励根据本部分达成协议的各方研究是否可使用这些文件的最新版本。凡是不注日期的引用文件，其最新版本适用于本部分。

GB/T 191 包装储运图示标志（GB/T 191—2008，ISO 780：1997，MOD）

GB 4706（所有部分） 家用和类似用途电器的安全

GB 5296.1—1997 消费品使用说明 总则

GB/T 5465.2 电气设备用图形符号

GB/T 16273.1 设备用图形符号 通用符号

3 术语和定义

下列术语和定义适用于 GB 5296 的本部分。

3.1

家用和类似用途电器 household and similar electrical appliance
在家庭、寓所及类似用途场合，由非专业人员使用的电器装置。

3.2

使用说明 instruction for use
向使用者传达如何正确、安全使用产品以及与之相关的产品功能、基本性能、特性的信息。它通常以使用说明书、标签、铭牌等形式表达。它可以用文件、词语、标志、符号、图表、图示以及听觉或视觉信息，采取单独或组合的方法表示。它们可以用于产品上［包括：设备操作器（键、钮）上的说明、设备操作中的电子显示说明］、包装上，也可作为随同文件或资料（如，活页资料、手册、录音带、录像带、光盘等）交付。

［GB 5296.1—1997，定义 3.3］

4 基本原则

4.1 使用说明是交付产品的组成部分，其基本内容和总要求应符合 GB 5296.1 的规定。

4.2 使用说明应如实介绍产品，不应有夸大和虚假的内容，也不应借用使用说明掩盖产品设计上的缺陷。

4.3 使用说明的内容应简明、准确，易于阅读和理解。

4.4 使用说明应能指导使用者安全正确使用，以避免事故发生，减少产品的故障和损坏，并妥善安放和保养。

5 使用说明的内容

使用说明的内容除应符合本章的规定外,还应符合 GB 4706(所有部分)及相应产品标准的规定。

5.1 产品上标注的内容

5.1.1 产品名称

产品应标注名称,应表明产品的真实属性。

应与所执行的产品国家标准或行业标准以及企业标准的规定名称相一致。

5.1.2 产品型号

产品应标注型号。

5.1.3 产品安全指标

产品上应标明该产品所适用的安全标准规定标注的主要技术要求和规格。

5.1.4 图形符号

产品上的各种图形符号的标注应符合 GB/T 5465.2、GB/T 16273.1 以及其他有关标准的规定,便于使用者识别和理解。

5.1.5 安全警示

产品使用不当,容易造成产品本身损坏或者可能危及人身、财产安全时,应有安全警示。安全警示的标注应符合 GB 5296.1—1997 的规定。

5.1.6 制造商的名称

国内生产的产品上应标明产品制造商依法登记注册的名称。

进口产品可以不标注原制造商的名称,但应标注原产地(国家或地区)。

5.1.7 生产日期

产品上应标明产品的生产日期或生产批号。有产品安全使用期的产品,应注明。

5.2 产品销售包装上标注的内容

5.2.1 产品名称

产品包装上应标注名称且与产品上标注的一致(见 5.1.1)。

5.2.2 产品型号

产品包装上应标注型号且应与产品上标注的一致(见 5.1.2)。

5.2.3 色别指示

产品的包装上应标明该产品的色别指示。

5.2.4 包装外形尺寸、产品毛重

大型产品的包装上应标明产品包装箱的外形尺寸、产品毛重等。

注:大型产品如洗衣机、空调器、电冰箱等。

5.2.5 储运标志

运输、储存中有特殊要求的产品应标注图形标志,并应符合 GB/T 191 的规定。

5.2.6 包装开启指示

包装开启有特殊要求的产品,应标注包装开启指示。

5.2.7 制造商的名称和地址

国内生产并在国内销售的产品上应标明产品制造商依法登记注册的名称和地址。

进口产品可以不标注原制造商的名称,但应标注原产地(国家和地区)以及代理商或进口商或销售商在中国依法登记注册的名称和地址。

5.2.8 生产许可证编号

实行生产许可证管理的产品,应在包装上标注有效的生产许可证编号。

5.2.9 产品标准编号

国内生产并在国内销售的产品应标明所执行的国家标准、行业标准或企业标准的编号。

5.3 使用说明书标注的内容

5.3.1 产品名称

使用说明书上应标注名称。

5.3.2 产品型号

产品使用说明书上应标注产品型号。同一系列、不同型号、不同规格的产品如用同一版本使用说明书时,不同之处应以适当方式注明。

5.3.3 产品性能特点

产品使用说明书应根据产品特点和使用要求,概述产品结构、尺寸、用途、功能、使用性能、安全性能和主要技术指标。

5.3.4 产品部件介绍

使用说明书应采用图解和文字说明的方式,标明与使用有关的主要部件或功能单元的结构介绍,使用说明中多次出现的部件,其名称和功能术语应前后一致。

5.3.5 使用方法

使用说明书应按正确的使用程序,分步骤说明如何使用,必要时应在文字说明旁配图解。

5.3.6 注意事项

注意事项的标注应确保达到提示使用者注意的目的。为了方便使用者理解,可采取图解的形式。涉及到安全问题时,安全警示的标注应符合5.1.5的规定。

注意事项的标注应考虑如下内容:
——如何避免容易出现错误的使用方法或误操作;
——错误的使用方法或误操作可能造成的伤害;
——有安全期限要求的产品,应以安全警示方式标明产品的安全使用期;
——不当的处理,处置造成对环境的污染;
——对产品在使用时可能会出现的异常情况(如异常噪声、气味、温度升高、烟雾等)应采取的紧急措施;
——对特殊使用人群(如儿童、老年人、残障人等)应有安全警示;
——停电或移动等非正常工作情况下的注意事项。

5.3.7 保养和维护

使用说明书应提供产品的保养和维护方面的知识,应详细地指出产品在使用过程中可能会出现的故障,避免故障的方法以及故障的判断、检查和修理。

保养和维护的标注应考虑如下内容:
——故障种类和处理方法;
——允许使用者进行维护和保养的项目以及必须由专业人员拆卸、维修的项目;
——必要时,允许使用者可自行更换的易损元器件的型号、规格;
——保养和维护方面的注意事项;
——产品售后服务事项。

5.3.8 安放和安装

对需要给出安放和安装要求的产品应提供安装、安放的结构示意图以及文字说明,文字说明应包括以下内容:
——使用环境和安放、安装的位置要求;
——产品附件名称、数量、规格;
——安放、安装的操作说明;

——安放、安装的安全措施和注意事项；

——接地说明；

——必须由专业人员安装的产品应特别说明。

产品安装有国家相关强制性安装标准的,应符合相关要求。

5.3.9 制造商的名称和地址

国内生产并在国内销售的产品应标注产品制造商依法登记注册的名称和地址。

进口产品可以不标注原制造商的名称,但应标注原产地(国家和地区)以及代理商或进口商或销售商在中国依法登记注册的名称和地址。

5.3.10 执行标准编号

国内生产并在国内销售的产品应标明所执行的产品国家标准、行业标准或企业标准的编号。

5.3.11 生产许可证和编号

实行生产许可证管理的产品,应在使用说明书上标注有效的生产许可证编号。生产许可证编号应与使用说明书上标注的编号一致。

5.3.12 其他要求

中文使用说明书的封面或首页上,宜标注如"使用产品前请仔细阅读本使用说明书,并请妥善保管"等字样。

6 使用说明的形式

6.1 直接压印、粘贴或永久固定在产品上的使用说明。

6.2 印刷或粘贴在产品包装上的使用说明。

6.3 随同产品提供的信息资料,包括:

——随同产品提供的纸质使用说明书;

——其他内容可由非纸质载体(如光盘、企业网站等)提供。

7 编制使用说明的基本要求

7.1 文字

7.1.1 使用说明所用中文应是规范的汉字。

7.1.2 中文使用说明书或包装上还可以同时使用汉语拼音或外文,但汉语拼音和外文的字体高度应不大于相应的汉字。

7.1.3 可以提供与汉语相对照的其他外国语种的使用说明,每种语言的说明应清楚地分开。

必要时可提供与汉语相对照的少数民族文字的使用说明。

7.2 图示、表格

7.2.1 使用说明书中的图示、表格应与文字说明有对应关系,图示、表格应按顺序标出序号或箭头指示。

7.2.2 一个图示只能表达一个功能的相关信息,不应具有所需功能外的其他信息。

7.3 图形符号

使用说明中出现的图形符号、标志,应符合相关标准的规定。必要时应在使用说明书中用文字解释其含义。

7.4 目次

7.4.1 当使用说明书超过一页以上时,每页应有页码;使用说明书的章、条较多时,应编写目次。

7.4.2 目次中的标题应与正文中使用的标题相同。

7.5 文字要求

为便于使用者阅读、辨认,使用说明书所用文字应清晰:

——标题文字应不小于正文；

——正文，文字高度不小于 3.2 mm(9 点，小 5 号字)，在条件允许情况下，应采用较大字；

——安全警示应特别醒目，应采用黑体字。"危险"、"警告"、"注意"等安全警示词应明显大于正文。

8 使用说明的耐久性

8.1 使用说明的文字、标志、图形符号应在产品的使用寿命期内始终能够清晰、醒目。

8.2 产品上标注的使用说明应在产品的使用寿命期内始终牢固，不易脱落。

8.3 使用说明书应保证在产品的寿命期内，可供使用者频繁翻阅而不破损。